Hans Christ

Tiere sind auch nur Menschen

V. F. SAMMLER

Hans Christ

Tiere sind auch nur Menschen

Neue lustige Geschichten
aus dem Leben
eines Landtierarztes

V. F. SAMMLER

Umschlaggestaltung: Werbeagentur Rypka GmbH, 8143 Dobl/Graz,
www.rypka.at
Titelbild: Foto Atelier Wolkersdorfer
Illustrationen: Hans Christ

Bibliografische Information der Deutschen Nationalbibliothek
Die Deutsche Nationalbibliothek verzeichnet diese Publikation in der Deutschen Nationalbibliografie; detaillierte bibliografische Daten sind im Internet über http://dnb.d-nb.de abrufbar.

Hinweis: Dieses Buch wurde auf chlorfrei gebleichtem Papier gedruckt. Die zum Schutz vor Verschmutzung verwendete Einschweißfolie ist aus Polyethylen chlor- und schwefelfrei hergestellt. Diese umweltfreundliche Folie verhält sich grundwasserneutral, ist voll recyclingfähig und verbrennt in Müllverbrennungsanlagen völlig ungiftig.

Auf Wunsch senden wir Ihnen gerne kostenlos unser Verlagsverzeichnis zu:
Leopold Stocker Verlag GmbH
Hofgasse 5/Postfach 438
A-8011 Graz
Tel.: +43 (0)316/82 16 36
Fax: +43 (0)316/83 56 12
E-Mail: stocker-verlag@stocker-verlag.com
www.stocker-verlag.com

ISBN 978-3-85365-342-5

Layout: Ecotext-Verlag Mag. G. Schneeweiß-Arnoldstein

Inhalt

Vom Saulus zum Gaulus

Herr Plaschke hatte zweifellos ein Problem. Sein Problem bestand in einem gelblich gefärbten Gebiss von beachtlichem Ausmaß, einer schon etwas schütteren Mähne und vier Hufen. Herr Plaschke war nämlich seit Kurzem stolzer bzw. eben nicht besonders stolzer Besitzer eines alten Hannoveranerwallachs namens Blasius. Dieser hatte zuvor seiner Schwester gehört, welche jedoch infolge jahrelanger Krankheit nicht mehr reiten konnte und nun, nach ihrem Tode, dem Bruder nicht nur das kleine Haus samt Garten in Hofgastein vermacht hatte, sondern als Zugabe auch den schon betagten Blasius.

Herr Plaschke, ein ebenso langgedienter wie alleinstehender Wiener, hatte daraufhin seine Wohnung in Ottakring aufgegeben und war nach Salzburg übersiedelt, wo er das Häuschen mit Freuden bezog, nicht zuletzt durch die neuerworbene Nähe zum Gasteiner Heilstollen mit seinem Radon-Gehalt, welcher seinem chronischen Rheumatismus erhebliche Linderung brachte.

Schmerzen anderer Art bereitete ihm jedoch Blasius.

Herr Plaschke, ein sein Leben lang eifriger Besucher sämtlicher Kaffeehäuser im Bezirk, hatte die Bekanntschaft von Pferden bisher nur in der Gestalt des geschnitzten Springers auf dem Schachbrett gemacht, ja selbst um die Fiaker am Stephansplatz pflegte er stets einen weiten Bogen zu schlagen, deshalb zeigte er sich angesichts eines leibhaftigen Exemplars, für das er ab nun auch noch die Verantwortung tragen sollte, ein wenig überfordert.

Zuerst trug er sich mit der Absicht, Blasius an jemanden zu verkaufen, der im Umgang mit Rössern bewanderter war als er, aber unsere Bauern brauchten für die Kutschenfahrten mit Touristen zugstarke Noriker oder Haflinger.

Außerdem war da noch die verfluchte Klausel im Testament, die besagte, dass sich Herr Plaschke höchstpersönlich um das

Wohl von Blasius bis zum letzten Atemzug – wer von den beiden damit gemeint war, ließ das Dokument offen – zu kümmern habe, andernfalls die gesamte Erbschaft an ein Tierheim gehen würde.

Was tut man unter solchen Umständen? Richtig! Man ruft als Erstes den Tierarzt zu Hilfe.

Herr Plaschke erwartete mich bereits sehr nervös auf dem Reiterhof, wo Blasius seit Jahren untergebracht war.

„Gott sei Dank, dass Sie da sind, Herr Doktor! Ich weiß mir keinen Rat!"

Er führte mich zur Box, wo Blasius neugierig den Kopf herausstreckte und wieherte. Ich kannte ihn von einigen früheren Visiten her und trotz einiger Spritzen, die ich ihm in der Vergangenheit verabreicht hatte, schien er mich nicht nur wiederzuerkennen, sondern mich sogar zu mögen. Von seinem beachtlichen Stockmaß von nahezu einem Meter achtzig blickte er mit der Würde eines alten Pferdes auf uns herunter.

In kurzen Worten schilderte mir Herr Plaschke sein Dilemma.

„Ja, und was soll ich dabei tun?", war meine berechtigte Frage.

„Ich habe mir gedacht, ich meine", Herr Plaschke geriet ins Stottern, „Sie könnten ihn vielleicht einschläfern und mir ein Attest, dass das notwendig war, ausstellen! Außerdem braucht so ein Pferd doch auch einen menschlichen Bezug, den ihm meine Schwester gegeben hat. Aber ich traue mich nicht in seine Nähe. Obwohl er ein netter Kerl zu sein scheint." Man merkte ihm deutlich an, dass er sich ob seines Vorschlags schämte.

Recht hatte er.

Ich musterte den schmächtigen Mann mit seinen heruntergezogenen Schultern und seiner Glatze, die er spärlich durch quer darüber frisierte Haarsträhnen höchst unzureichend zu kaschieren suchte, mit strengem Blick. Normalerweise kann ich Leute, die von mir verlangen, ein gesundes Tier zu euthanasieren, auf den Tod nicht ausstehen. Hier aber spürte ich die pure Verzweiflung eines überforderten Laien.

Trotzdem sagte ich kalt: „Tut mir leid, aber das kommt überhaupt nicht in Frage! Das würde gegen jede tierärztliche Ethik verstoßen und außerdem hat Blasius mit Erich", das war der neue Stallwastl am Reiterhof, ein zugezogener Brandenburger mit Berliner Schnauze, „jemanden, der sich intensiv um ihn kümmert! Denken Sie nicht einmal im Traum daran, sich des Pferdes zu entledigen! Ich kenne jetzt Ihre Absicht, und wenn mir das zu Ohren kommt, gibt es eine saftige Anzeige bei der Amtstierärztin!" Um dem alten Prinzip „Zuckerbrot und Peitsche" gerecht zu werden, holte ich aus der Jackentasche ein paar Kandiszuckerwürfel, die Blasius genüsslich zwischen den Zähnen zerknirschte.

Herr Plaschke knickte ein wie ein abgebranntes Streichholz und murmelte: „Sie haben Recht! War nur so ein Gedanke von mir!"

„Aber ein saublöder, vor allem, weil Sie mir den Besuch trotzdem bezahlen müssen!" In solchen Fällen kannte ich keine Gnade.

Trotzdem erreichte mich einige Wochen später ein Anruf von Herrn Plaschke. „Herr Doktor, schnell! Der Blasius!"

„Was ist mit ihm?"

„Das müssen Sie sich selbst ansehen! Aber kommen Sie bitte rasch!" Damit legte er auf.

Es ist ein häufiges Problem, welches einen Tierarzt ohne genaue Auskünfte über den ihn erwartenden Patienten auf der mitunter rasenden Fahrt dorthin beschäftigt. Hunderte mögliche Diagnosen rattern durch seinen Kopf, vor allem die schrecklichsten.

Ich hatte sogar das Blaulicht eingeschaltet, was den gut getarnten Polizisten mit der Radarpistole hinter der Mülltonne am Parkplatz des Supermarktes sicherlich frustrierte, was mich jedoch freute, denn in unserer Gegend patrouillierten in letzter Zeit mehr Gesetzeshüter mit solchen Pistolen herum als früher im Wilden Westen Sheriffs mit echten Revolvern. Und da er keinen Grund hatte, mich anzuhalten, erreichte ich den Reiterhof binnen fünfzehn Minuten.

Ich sprang aus dem Auto: „Was ist mit Blasius?"

Herr Plaschke zitterte am ganzen Leibe: „Kommen Sie mit!"

Er führte mich zu den Koppeln, wo ich einen Blasius vorfand, der die Sonne zu genießen schien und mir alles andere als einen kranken Eindruck vermittelte.

„Und? Was soll mit ihm los sein?"

„Ja merken Sie das denn nicht? Sein, sein, sein", Herr Plaschke begann rot zu werden und zu stottern, „sein Geschlechtsteil!" Das Thema berührte ihn offensichtlich äußerst peinlich.

Blasius hatte seinen Penis ausgeschachtet und stand gemütlich in der Gegend herum.

Ich kapierte immer noch nicht. „Tut mir leid, keine Ahnung, was Sie meinen!"

„Na sein Ding! Völlig geschwollen, mindestens einen halben Meter lang und hängt seit einer halben Stunde herunter!"

Ich lachte: „Aber das ist völlig normal bei Wallachen! Das tun sie öfters, wenn sie vor sich hindösen oder sich entspannt fühlen. Genau genommen ist das ein gutes Zeichen!"

Herr Plaschke konnte es nicht fassen: „So groß?", frug er fasziniert. „Das ist ja unglaublich!" Da er früher, wie ich mittlerweile wusste, am Patentamt gearbeitet hatte, war ich der inneren Überzeugung, dass er, wäre er noch im Dienst gewesen, Blasius glatt ein Patent dafür ausgestellt hätte.

Ich klopfte Herrn Plaschke beruhigend auf die Schulter: „Na in einer gemischten Sauna würde er damit bestimmt einiges an Aufsehen erregen. Aber alles bestens! Kein Anlass zur Sorge! Allerdings auch keiner zum Neid!"

Während ich nach Hause fuhr, der Inspektor mit der Radarpistole hatte mittlerweile auch die Waffen gestreckt, dachte ich belustigt, dass viele Menschen immer von sich auf ihre Tiere schließen.

Es dauerte nicht lange, da ereilte mich erneut ein Notruf von Herrn Plaschke: „Der Blasius, Herr Doktor! Es ist ganz dringend!"

Da ich im Moment ziemlich beschäftigt war, dachte ich grimmig: ‚Du kannst mich mal.' Wahrscheinlich sitzt heute nach Herrn Plaschkes Ansicht der Pferdeschweif schief. „Ich komme, sobald ich kann!"

„Nein, um Gottes Willen, er erstickt!"

Himmel, Arsch und Zwirn! Was konnte das denn sein? Klang verdächtig nach einer Allergie.

Da ich gerade in der entgegengesetzten Richtung unterwegs war, schaltete ich wieder das gute alte Blaulicht ein und riss den Wagen mit quietschenden Reifen herum. Ein sich dadurch behindert fühlender Verkehrsgenosse zeigte mir erbost den Vogel, aber das passte ja zu einem Tierarzt.

Vom üblichen Parkplatzpolizisten war heute nichts zu sehen, wahrscheinlich lauerte er nach Indianerart einen Stellungswechsel vollzogen.

Diesmal hatte Herr Plaschke nicht übertrieben. Blasius stand in seiner Box mit gestrecktem Hals, würgte und jede Menge Speichel lief ihm aus Maul und Nüstern. Ein klassischer Fall von Schlundverstopfung. Der Vorteil von Warmblütern ist, im Gegensatz zu schweren Kaltblütern, ihr relativ gut durchtastbarer Hals. Deutlich konnte ich die Verdickung in der Speiseröhre fühlen.

„Was hat er denn gefressen?"

„Oh, nur ein paar Äpfel! Ich habe sie dort drüben aufgesammelt", er zeigte auf einen kleinen Baum am Rande der Wiese, „und ihm den Kübel dann hingestellt. Er mag sie so gerne!"

„Ja, aber Sie dürfen die Äpfel doch nicht als Ganzes verfüttern", rief ich, „die muss man zumindest halbieren! Jetzt steckt einer im Hals fest!"

„O Gott, oh Gott", jammerte Herr Blaschke, „muss er jetzt sterben?"

„So weit sind wir glücklicherweise noch nicht", knurrte ich.

Schlundverstopfungen sind allerdings bedrohliche Angelegenheiten, deren Therapie ziemlich zeitaufwändig ist. Es gibt mehrere Möglichkeiten. Handelt es sich um verklumptes Weichfutter, dann kann mit mehrmals zu wiederholenden Wasserspülungen versucht werden, das Hindernis aufzulösen. Bei aufgequollenen Rübenschnitzeln oder Erdäpfeln ist das schon heikler. Die muss man mechanisch zerkleinern. Da es sich, wie mir ein Blick auf den verbliebenen Rest im Kübel bewies, in diesem Fall um schon sehr weiche Äpfel handelte, entschloss ich mich zur dritten Methode: Den Fremdkörper mit einer Nasenschlundsonde zu pürieren und ihn vorsichtig hinunter Richtung Magen zu bugsieren.

Dazu verpasste ich Blasius eine Beruhigungsspritze und eine gegen den Ösophaguskrampf, flößte ihm etwas Paraffin ein, um die Sache rutschiger zu machen, und begann mit der eigentlichen Arbeit. Zum Glück halfen mir einige Reitklubmitglieder dabei, denn Herr Plaschke wäre nicht imstande gewesen, mir den Pferdekopf am Halfter zu halten. Endlich, nach scheinbar ewiger Zeit, spürte ich, wie sich der Widerstand immer mehr lockerte und schließlich war der Weg in den Magen für die Sonde einwandfrei passierbar. Blasius begann auch sogleich wieder zu schlucken und sein ängstlicher Blick verschwand. Erleichtert seufzte ich auf. Da gab es jedoch noch eine Komplikation zu beachten. Infolge des starken und blockierten Speichelflusses kommt es oft zu einer Inhalation in die Lunge, was zu einer massiven Entzündung führen kann. Also setzte ich ihn für die kommenden drei Tage noch unter antibiotische Abdeckung.

Als ich am nächsten Tag am Reiterhof erschien, um ihm die nächste Spritze zu geben, machte sowohl er als auch Herr Plaschke einen gelösten Eindruck.

Allerdings eröffnete letzterer mir, während er aus sicherer Entfernung zusah, wie ich dem Wallach das Medikament verabreichte: „Herr Doktor, der eine Apfel kann nicht schuld gewesen sein, der Blasius muss eine ganze Menge davon verdrückt haben!“

„Wie kommen Sie darauf?“, war meine erstaunte und auch etwas ärgerliche Frage.

„Na weil der Erich, der Piefke, gemault hat, dass er noch nie so viele Äppel wie heute früh aus der Box hat schaufeln müssen!"

Ich griff mir an den Kopf. Herr Plaschke verwechselte den lieben Blasius offenbar mit einer Zibetkatze, die grüne Kaffeebohnen frisst, um sie hernach in ihrem Darm zum teuersten Mokka der Welt zu fermentieren.

Immer Ärger mit Henry

Henry wusste genau, wie der Hase lief! Was nicht verwundern durfte, war er doch selbst einer. Zwar ein Kaninchen mit Schlappohren, aber Mümmelmann bleibt Mümmelmann.

Er war ein Geschenk an die jüngste Tochter Sandra des Unterhöllerbauern von ihrer Tante und Taufgödin, die selbst Karnickel züchtete.

Dem Unterhöller lief schon beim Gedanken an gedünstetes Kaninchen im Wildkräutersud das Wasser im Mund zusammen, aber da machten ihm seine Tochter Sandra und seine Frau einen gehörigen Strich durch die Rechnung.

Was blieb dem Unterhöller also übrig, als ein Stück seines Vorgartens zu opfern und dort ein großes Freigehege für Henry – auf diesen Namen hatte ihn Sandra mittlerweile getauft – zu basteln. Rundherum vereitelte ein hoher, dichter Maschendrahtzaun ein Überwinden der Begrenzung und zwecks Ausstaffierung des Kaninchenappartements spendierte der Bauer noch eine ausgediente Hundehütte und einen ausgehöhlten Baumstumpf. Diese Mühe hätte er sich sparen können, denn Kaninchen haben eine eigene Vorstellung ihrer Behausung. Henry begann sofort zu buddeln, und weil er so schön im Zuge war, fiel auch nebenbei ein Fluchttunnel für ihn unter dem Zaun ab, denn so ein Höhlensystem ging ziemlich in die Tiefe. Das hatte der Unterhöller natürlich nicht bedacht.

Und so war er basserstaunt, als er beim frühmorgendlichen Gang zum Melken Henry friedlich im Freien hocken und an einem Grasbüschel nagen sah. Drinnen im Gehege sah es nämlich schon binnen Kurzem aus wie nach einem Bombenangriff. Kein Halm wuchs mehr und der blanke Erdboden war übersät mit Eingangslöchern in den weitläufigen Hasenbau.

‚Na warte, Du Falott', dachte der Unterhöller und wollte Henry einfangen. Aber Hasen sind bekanntlich Weltmeister im Hakenschlagen, sodass es sogar für einen Fuchs schwer genug ist, einen zu fangen.

Der Unterhöller mochte zwar ein Fuchs im Vieh- und Holzhandel sein, körperlich war er jedenfalls keiner.

Deshalb ging der Sieg an Henry und der resignierte Bauer in den Stall, um zu melken.

Am Abend jedoch saß Henry wieder brav in seinem Refugium und der Unterhöller nützte die Gelegenheit, den Fluchttunnel hastig mit Steinen zu verstopfen und Erdreich drüberzuschaufeln.

Allerdings bewies das nur, dass er noch einiges in punkto Kaninchenkunde zu lernen hatte.

Zwei Tage später hatte Henry einen neuen Ausgang gegraben und ließ sich das saftige Gras im Vorgarten schmecken.

Da er aber jedes Mal bei Einbruch der Dämmerung wieder in seine Einzäunung zurückkehrte, ließ es der Unterhöller dabei bewenden. So hatte sich ein von allen Beteiligten akzeptierter *modus vivendi* eingestellt: Untertags hoppelte Henry über den Hof und die Nacht verbrachte er in seinem Kaninchenpalast.

Das wäre noch länger gut gegangen, hätte Henry nicht seinen Bewegungsradius langsam erweitert und dabei den hinter dem Haus angelegten Gemüsegarten entdeckt und sich begeistert an die Festtafel gesetzt.

Als nämlich die Unterhöllbäuerin für das Abendessen einen Kopfsalat abschneiden wollte, fand sie nur mehr den Strunk vor und bekam einen leichten Anfall.

Dazu kam, dass Henry reges Interesse am großen Papiersack mit Gerste, den der Unterhöller vorübergehend an die Außenmauer gelehnt hatte, entwickelte, und als der Bauer den Sack schulterte, er das Gefühl hatte, dieser würde auf dem Weg in den Stall immer leichter.

Sobald er sich umdrehte, bemerkte er die breite Spur an Gerstenkörnern hinter sich, die ihn mühelos aus jedem Labyrinth eines Minotaurus wieder hinausgeführt hätte. Henrys Nagezähne hatten ganze Arbeit geleistet. Es erinnerte sogar an die Geschichte von Wilhelm Busch, in der die Nichtsnutze Max und Moritz dem Müller den Mehlsack aufschlitzten, sodass der beim Tragen immer leichter wurde.

Die Idee eines gedünsteten Kaninchens in Wildkräutersud erhielt dadurch neuen Aufwind.

„Ich könnte das Mistvieh erwürgen", eröffnete mir der Unterhöller anlässlich meiner nächsten Visite, um hinzuzusetzen: „Wenn ich es nur erwischen täte!"

„Dann verschaffen Sie ihm doch ein nettes Weibchen", schlug ich vor, „vielleicht bleibt er dann lieber zu Hause!"

„Das funktioniert ja nicht einmal bei Menschen", murmelte der Bauer und mich beschlich das Gefühl, er sprach teilweise aus eigener Erfahrung.

Nichtsdestotrotz besorgte er sich von der kaninchenzüchtigen Tante eine Häsin.

Wenige Tage später stand er in meiner Ordination mit dem arg zerzausten Neuzugang. „Die sind aufeinander los wie die Wilden. So was habe ich noch nicht erlebt!"

„Kein Wunder", sagte ich nach kurzer Beurteilung des Hinterteils, „das ist ein Rammler. Zwei männliche Hasen im selben Territorium ergibt immer Zoff!"

„Was? Ich habe extra ein Weibchen verlangt! Fünfzig Euro habe ich dafür hingeblättert! Und Sie kosten mir jetzt auch noch die Behandlung!"

„Na, vielleicht nimmt es die Tante mit dem Gendern bei Kaninchen nicht so genau!", scherzte ich. Nachdem ich den unterlegenen Kämpfer versorgt hatte, wurde er umgehend zurückgebracht und diesmal gegen eine tatsächliche Häsin umgetauscht.

„Schöne Ratschläge geben Sie mir", knurrte der Bauer bei meinem nächsten Besuch, der einer kranken Kalbin galt, „jetzt habe ich zwei verdammte Hasen im Gemüsebeet!"

Offenbar hatte Henrys bessere Hälfte – Sandra hatte sie auf Henrietta getauft – ihrem Gespons die Gefolgschaft nicht verweigert

„Tja, dann hilft nur noch eins: Sie müssen den Zaun tiefer in die Erde setzen. Zwei Meter, schätze ich."

Der Unterhöller glotzte mich an, als hätte ich verlangt, er solle den Suez-Kanal neu graben.

„Ich bin doch nicht verrückt! Lieber kauf' ich den verdammten Salat im Supermarkt! Soll gut zu Kaninchenbraten passen!"

Mittlerweile nahm ich diese düsteren Prophezeiungen nicht mehr ernst. Ich kannte Sandra!

Umso mehr erschreckte es mich, als ich das großzügige Freigehege der beiden Hasen am Abend leer fand. Üblicherweise stellten sie sich – sie kannten mein Auto bereits – am Zaun auf und warteten, bis ich ihnen entweder abgerupfte Grashalme oder im Winter Salatblätter und Karottenstückchen durch die Maschen steckte.

Der Unterhöller hatte doch seine Morddrohung nicht wirklich in die Tat umgesetzt?

Da entdeckte ich zu meiner Erleichterung etwas rechts von der Hausecke einen neuen langgestreckten Verschlag auf Stelzen, hinter dessen Hasengitterfront die pummeligen Gestalten von Henry und Henrietta saßen und an etwas knusperten.

„Na", frug ich den Unterhöller belustigt, „haben Sie die zwei Banditen nach Sing-Sing gesteckt?"

„War nicht anders möglich! Kürzlich ist er wieder ausgebüchst, gerade wie der Briefträger an der Haustüre war. Der hat im letzten Augenblick den Hasen gesehen und, damit er ihn nicht zertrittt, einen Zwischenschritt eingelegt. Dabei ist er von der Stufe gerutscht und hat sich den Knöchel verstaucht. Drei Wochen lang war er im Krankenstand und jetzt redet er sich auf den Knöchel aus, wenn er noch später als sonst mit der Post auftaucht. Immer der Ärger mit diesem Henry!"

Ich beobachtete Henry durch das Hasenstallgitter, wie er, ganz die Unschuld vom Lande, genüsslich an einem Salatblatt mümmelte und dabei verträumt vor sich hinschaute.

Trotzdem war es unfair, ihm die Schuld zu geben!

Denn im Vertrauen gesagt, der gute Herr Kilian, besagter Briefträger, war auch ohne verstauchten Knöchel nie der Schnellste gewesen!

Das Alkoholproblem der Polizei

Obwohl ich es wieder sehr eilig hatte, fuhr ich an diesem späten Nachmittag doch nur mit der zulässigen Höchstgeschwindigkeit durch das Ortsgebiet. Der sechste Sinn ist nämlich für einen Tierarzt, nicht nur bei der Diagnose, äußerst wichtig.

Gleich darauf durfte ich mir zu meiner Entscheidung gratulieren, denn aus der Entfernung sah ich schon den VW-Bus, der auf der Abbiegespur, die unter anderem zum Stubnerbauern führte, geparkt war. Mit selten ruhigem Gewissen näherte ich mich. Da traten unvermittelt zwei Polizisten an den Straßenrand und winkten mich zur Seite. Nanu, dachte ich, was waren denn das für neumodische Bräuche. Normalerweise lässt mich die heimische Exekutive, noch dazu bei vorschriftsmäßigem Verhalten, in Frieden. Weil sie mich auch manchmal braucht, wenn es gilt, einen verletzten Hund erstzuversorgen oder bei einer gefundenen Katze mit dem Lesegerät die Chip-Nummer zu identifizieren. *Manus manum lavat* oder eine Hand wäscht die andere! Eben!

Diesmal waren es aber zwei junge Tutter, die noch dazu, coronabedingt, die Gesichtswindel umgeschnallt trugen. Ich kannte sie nicht. Wahrscheinlich von auswärts!

„Was ist los?", frug ich. „Ich war eh nicht zu schnell."

„Verkehrskontrolle!", kam es belehrend unter der Maske hervor.

Na schön, offenbar hatten die beiden, im Gegensatz zu mir, keine andere Arbeit. Ich präsentierte Führer- und Zulassungsschein, währenddessen der andere das Pickerl überprüfte und die Reifenprofiltiefe kontrollierte. Nachdem ich sogar die Warnweste und das Pannendreieck – kein Wunder, der Wagen war noch relativ neu – vorweisen konnte, schöpfte ich schon Hoffnung. Aber elftes Gebot: Du sollst dich nicht täuschen!

„Jetzt machen wir noch einen Alkotest!"

Von mir aus, dachte ich grimmig.

Das Inspektorchen gab mir das Vortestgerät und ich pustete hinein. „0,49", verkündete es mir grimmig.

„Das gibt es nicht!", rief ich.

„Haben Sie Alkohol getrunken?", lautete die strenge Frage.

„Ja! Ein Bier zu Mittag!" Normalerweise trinke ich daheim fast nie Bier, weil ich finde, dass es dazu Gesellschaft braucht. Aber an diesem Tag war Karin nach Kärnten gefahren, was so viel bedeutete, dass mein Mittagessen nicht allzu üppig ausgefallen war und ich daher, wie es die Mönche in der Fastenzeit zu halten pflegen, zum flüssigen Brot gegriffen hatte.

„Aber davon kann ich keine 0,49 Promille haben!"

„Gut, probieren wir es noch einmal!"

Er hielt mir wieder das Gerät vor die Nase.

Nachdem ich erneut geblasen hatte, schaute er auf die Anzeige und schüttelte den Kopf, ohne mir das Ergebnis zu verraten: „Das Kastl funktioniert nicht!"

„Fein! Dann kann ich ja jetzt fahren!"

Er schüttelte wieder den Kopf: „Nein! Wenn das Gerät nicht korrekt anzeigt, könnten Sie ja trotzdem alkoholisiert sein! Wir bringen Sie jetzt auf den Polizeiposten, dort steht der geeichte Alkomat!"

„Wieso? Ist ja nicht meine Schuld, wenn das Glumpert hin ist!", protestierte ich.

„Meine auch nicht!", lautete die behördliche Antwort.

Es half also nichts! Auto absperren, Schlüssel abgeben und hinein in den Bus auf die Rückbank. Das Ganze kam mir vor wie eine Szene aus einem schlechten (gibt es auch gute?) Tatortkrimi. Außerdem war es mir peinlich, weil sich das Ganze in Sichtweite vom Stubnerhof abspielte.

Wir kutschierten also in Richtung Markt, als sich mein Handy bemerkbar machte.

„Herr Doktor! Wo sind Sie?" Der Stubnerbauer, ausgerechnet! „Ich brauch' Sie dringend, ich hab' einen Notfall! Eine Schwergeburt!"

Das auch noch! „Tut mir leid, ich bin gerade auf dem Weg zu einer Amtshandlung! Ich komme so schnell, wie ich kann!"

Zu meinen uniformierten Entführern vor mir im Wagen sagte ich: „Ihr habt gehört, ein Notfall!"

Der Beifahrer zuckte aber nur die Schultern: „Da kann man nichts machen! Es gibt ja auch noch andere Tierärzte!"

‚Idiot', dachte ich, hielt mich aber insoweit zurück, als ich lediglich sarkastisch bemerkte:

„Jaja, die Polizei, Dein Freund und Helfer!"

Auf dem Posten angekommen, wurde ich in das Kammerl mit dem Alkomaten geführt. Eigentlich hätte ich ja gar nicht hier sein dürfen, weil ich als Einziger keine Maske bei mir hatte. Aber bei Verbrechern schienen die Corona-Bestimmungen außer Kraft gesetzt zu sein.

In dem Zimmer dürfte seit dreißig Jahren nicht mehr gelüftet worden sein, es herrschte, im wahrsten Sinn des Wortes, eine Bullenhitze.

Ich platzierte mich auf den Armesündersessel, einer der jungen Beamten wickelte den Schlauch vom Apparat, steckte ein Mundstück an und ich blies zum dritten Mal an diesem Nachmittag. Die Anzeige erschien sofort auf dem Display: Messung ungültig!

„Dann halt noch einmal!", schnarrte der offenbar vom Jagdfieber gepackte Jungspund.

Ein neues Mundstück, ein neuerliches Blasen, nur das Ergebnis war das gleiche: Messung ungültig!

Beim dritten Durchgang hatte ich schon einen trockenen Mund, also bat ich um ein Glas Wasser.

„Das geht nicht", lautete die Antwort, trinken könne das Ergebnis verfälschen. Ich wette, hätte ich um ein Achtel Wodka gebeten, er hätte es mir serviert.

„Warum stecken Sie jedes Mal ein neues Mundstück an?" Innerlich kochte ich bereits. „Das ist doch unnötiger Plastikmüll!"

„Vorschrift! Speichelreste können das Ergebnis verfälschen!"

Langsam begann ich zu zittern – vor Wut und auch vor Stress –, denn es wartete ja noch die Schwergeburt auf mich, von den übrigen Visiten gar nicht zu reden. Und der Schweiß rann mir in Strömen herunter.

Das bemerkte auch mein Folterknecht: „Wissen Sie was. Gehen Sie einmal für zehn Minuten an die frische Luft und erholen Sie sich. Danach machen wir weiter!"

Also weitere Zeit verschissen.

Er begleitete mich nach draußen. Genervt stellte ich ihm die Frage, warum er mir auf Schritt und Tritt auf den Fersen hing, ob er glaubte, dass ich die Flucht ergreifen würde, keine Angst, mein Wagen stehe ja ziemlich weit entfernt.

„Nur so!“, sagte er. Also standen wir geschlagene zehn Minuten „nur so“ herum, dann begann die Tortur auf ’s Neue. Um es kurz zu machen, würde ich jeden Versuch einzeln schildern, bräuchte ich keine anderen Geschichten mehr, das Buch wäre voll. Einen ganzen Sack Mundstücke hatte ich bereits verbraten, wobei es zu Beginn geheißen hatte: „Blasen Sie nicht so stark“, um sich am Ende in die Aufforderung zu versteigen: „Blasen Sie so stark, wie Sie können!“

Das Ergebnis war stets dasselbe: Messung ungültig!

„Tja, da hilft nichts. Wir müssen eine Blutprobe veranlassen!“

„Und wo bitte?“, fuhr ich auf.

„Beim Sprengelarzt!“

Ich sah auf die Uhr: „Es ist bereits Viertel nach fünf. Da wird in der Ordination niemand mehr sein!“

Natürlich meldete sich am Telefon kein Schwein.

„Dann müssen wir Sie eben ins Spital bringen!“

‚Himmel, hilf‘, schoss es mir durch den Kopf, in solchen Momenten wird der Mensch gläubig, ‚vielleicht kann mich wer zwicken, dass ich aus diesem Albtraum endlich aufwache.‘

Während im Wachzimmer noch Kriegsrat gehalten wurde, wer mich zu dieser Stunde ins Spital eskortieren sollte, ging die Tür auf und ein etwas älterer Inspektor, den graumelierten Augenbrauen nach zu schließen, kam herein.

„Warum geht denn das Scheiß-Kastl nicht?“, fluchte er. „Gestern hat es ja auch noch funktioniert. Hast Du da eh da draufgedrückt?“ Er deutete auf irgendeine Taste.

Ich konnte es deutlich sogar durch die Maske sehen, dass dem Polizeinovizen der Mund offenblieb.

Der Alte drückte kurzerhand auf den entsprechenden Knopf, ich blies noch zweimal, zur Sicherheit, in den Schlauch, dann ratterte es und ein papierener Ausdruck schlängelte sich aus dem Apparat. Das Erscheinen der Jungfrau Maria persönlich konnte nicht beglückender sein.

Der Inspektor warf einen kurzen Blick darauf und brummte: „Na also! Eh alles in Ordnung! Nehmen Sie im Bus Platz, wir fahren Sie gleich zu Ihrem Auto!“

‚Wahrscheinlich nach der Kopfwäsche für den technischen Wunderknaben‘, dachte ich. Gleichzeitig überlegte ich, ob ich den Herrschaften nicht raten sollte, wenn sie für einen apparatemäßigen Alkotest zu inkompetent sind, dass sie das nächste Mal zu der altbewährten Methode, gerade auf einem Strich zu wandeln oder mit dem Zeigefinger die Nasenspitze zu berühren, greifen sollten. Aber andererseits war ich heilfroh, der Fahrt ins Spital entkommen zu sein, und außerdem schien es mir für die Zukunft nicht ratsam, die Polizei gegen mich aufzubringen. Sie waren im Augenblick alle ohnehin klein mit Dienstmütze.

Als sie mich bei meinem Wagen ausluden, wünschten sie mir noch eine „erfolgreiche Geburt“ und machten sich vom Acker.

Ich nichts wie hinein ins Auto, die Kurve zum Stubnerbauern genommen und scharf abgebremst, weil mir der Bauer entgegenkam.

„Was ist mit der Kuh?“, bellte ich.

„Gar nichts. Ich hab’ weder eine Geburt und schon gar keine Schwergeburtl!“ Sein Gesicht verzog sich zu einem Grinsen: „Aber der Vater hat gesehen, wie man Sie in den Polizeibus verfrachtet hat, und hat gemeint, jetzt haben sie unseren Tierarzt verhaftet! Und da habe ich mir gedacht, ich erfinde einen Notfall, vielleicht lässt man Sie dann laufen!“

Keine Post für den Tierarzt

Es war wieder einmal ein Anruf von höchster Dringlichkeit!

„Hier ist der Hasenbichlhof! Bitte kommen Sie schnell, eine Kalbin kann nicht kälbern!“

Die Stimme kam mir bekannt vor, trotzdem war ich irritiert. Die Bäuerin war es jedenfalls nicht. Und ich wusste nicht, wo ich die Anruferin einordnen sollte.

Aber was soll's! Der Kalbin würde es mit ziemlicher Sicherheit völlig wurscht sein, wer für sie Hilfe anforderte.

Ich legte also einen klassischen Le-Mans-Start hin, überholte dank Blaulicht eine Schleicherkolonne vor mir und traf zehn Minuten später beim Hasenbichl ein. Dort entknotete sich das Rätsel.

Vor der Haustür stand nämlich ein vierräderiges „Spuckerl“ von einer Altenbetreuungsorganisation.

Auf mein Läuten hin öffnete mir die ehemalige Forsthubbäuerin. Jetzt wusste ich, warum mir die Stimme bekannt vorgekommen war.

Die Forsthuberin hatte vor einigen Jahren Mann und Hof verlassen und arbeitete seither in der Pflege.

„Danke, dass Sie so schnell da sind! Die Bauersleute sind auf Urlaub und ich kümmere mich derweilen um die alte Mutter. Da habe ich die Kalbin schreien gehört, und wie ich nach ihr schaue, sehe ich, dass sie in Geburt ist und dass dabei alleine nichts geht!“

Es war sonnenklar. Die Forsthuberin besaß genug Erfahrung im Umgang mit Tieren und konnte eine solche Lage fachfraumännisch beurteilen.

„Hören Sie, wie sie brüllt?“

Tatsächlich drang aus dem alten Holzstall das Blöken eines Rindes in höchster Not.

Wir gingen in den Stall, und was ich da sah, ließ mich glatt um ein Jahr altern.

Eine schmächtige Kalbin lag im Strohbett und wand sich vor Schmerzen. Kein Wunder, denn die Füße eines offenbar riesigen Kalbes ragten bereits aus der Vulva.

„Seit wann geht das so?", frug ich besorgt.

„Keine Ahnung! Zuerst musste ich mich ja um die Mutter kümmern, aber dann habe ich das Schreien gehört."

Ich ließ mir warmes Wasser bringen, desinfizierte die Scheidenumgebung und meine Arme, ging auf die Knie und griff einmal hinein. Es war fast unmöglich, an den Haxen vorbeizukommen. Drinnen erwarteten mich zwei große Nasenlöcher.

Langsam richtete ich mich auf: „Und Sie sagen, die Bauersleute sind auf Urlaub?"

„Ja! Bis Sonntag!"

Heute war Mittwoch. So lange konnte ich nicht warten.

Jetzt befand ich mich im Dilemma: Hier wäre die beste Lösung natürlich ein Kaiserschnitt. Aber ohne Zustimmung des Besitzers konnte ich ihn schlecht durchführen, denn die Kalbin war sein Eigentum und rein wirtschaftlich betrachtet wäre ein solcher auch nicht gerechtfertigt. Ein Jungrind aus Mutterkuhhaltung ohne besonderen Wert.

Ja, manchmal muss man in der Veterinärmedizin auch ökonomische Rücksichten nehmen, ob es einem passt oder nicht. Da ist die vielgepriesene Romantik des Berufs schnell dahin.

Wahrscheinlich würde mich der Bauer nach seiner Rückkehr fragen: „Sind Sie verrückt? Wie können Sie ohne meine Einwilligung so eine teure Operation vornehmen?"

Außerdem war da noch zu bedenken, dass bei einem Kaiserschnitt auch einmal etwas schiefgehen kann. Alle meine bisherigen sind zwar glücklich verlaufen, lediglich eine einzige Kuh wurde danach nicht mehr trächtig, aber der Teufel schläft nicht. Das wäre dann eine Angelegenheit der Tierkörperverwertung und gleichbedeutend mit dem finanziellen Totalverlust.

Als blutjunger Tierarzt berichtete mir einmal ein Bauer, dass am Wochenende der notdiensthabende Kollege, ein erfahrener Praktiker und anerkannter Chirurg, so eine *Sectio caesareis*, wie der Kaiserschnitt fachgerecht heißt, vorgenommen hatte, es gab Komplikationen und hinterher waren Kuh und Kalb tot.

„So ungerecht ist die Welt!“, bekannte der Bauer freimütig. „Wenn das Ihnen passiert wäre, würde jeder sagen, was hat denn der Neuling da zusammengepfuscht!“

Eine andere Möglichkeit wäre, die Kalbin rasch zum Metzger zu verbringen, wo sie zuerst mit dem Schussapparat betäubt werden würde, sodass sie nichts spürte, und, nachdem das Kalb aus der Gebärmutter herausgeschnitten worden war, entblutet und somit getötet werden würde. Ich hatte zu dieser Variante schon öfters, eben aus Kostenerwägungen, greifen müssen, da der Besitzer in diesem Fall eine korrekt geschlachtete Mutter samt Fleischwert und ein lebendes Kalb erhielt, welches er im Viehanhänger mit nach Hause nehmen konnte. Schadensbegrenzung nennt man das! Im vorliegenden Fall jedoch könnte es passieren, dass mich der Bauer nach seiner Heimkehr aus dem Urlaub anschnauzen: „Warum, zum Teufel, haben Sie keinen Kaiserschnitt gemacht?“, und von mir Schadensersatz fordern würde.

Als dritte Option verblieb noch, eine Brachialgeburt zu riskieren, in der Hoffnung, dass zumindest einer der Beteiligten die Prozedur überleben würde – und damit meinte ich ausnahmsweise nicht mich, den Tierarzt.

Ich entschloss mich daher für den dritten Weg!

„Aber alleine schaffe ich das nicht! Können wir vielleicht noch irgendwen auftreiben?“

„Na“, meinte die Ex-Forsthuberin, „ich kann es ja beim Nachbarn versuchen!“

Der Pfeitlbauer rückte auch gleich mit seinem Sohnemann im Schlepptau an.

Nachdem ich beim Kalb die Augenhaken eingesetzt und eine ganze Ladung Gleitschleim in den Uterus gepumpt hatte, gelang es mit vereinten Kräften, den Kopf in das Becken zu befördern. So weit so gut.

Aber beim Schultergürtel stießen wir an unsere und jene der Kalbin Grenze.

Als wir nämlich weiterzogen, zogen wir auch das Muttertier einige Meter von seinem Platz weg.

„So geht das nicht", murmelte ich, „das könnten wir noch einen Kilometer lang probieren. Was wir bräuchten, wäre ein mechanischer Geburtshelfer!"

Der Pfeitl gestand, so etwas leider nicht zu besitzen.

„Eigentlich müsste einer am Hof sein", ließ sich plötzlich die Forsthuberin vernehmen. „Ich habe zufällig vor ein paar Jahren bei einer Geburt mitgeholfen, weil keine Männer aufzutreiben waren, und da hat der Bauer damals so ein Gerät benutzt!"

Das hörte sich prima an, das Problem war nur, wo sich das gute Stück befand.

Also stürzten wir uns gemeinsam in die Suche. Der Hasenbichlhof war zwar nicht der größte, aber bedauerlicherweise auch nicht der aufgeräumteste!

In sämtlichen Nebenräumen herrschte ein Tohuwabohu an alten Futtersäcken, Werkzeugen, Arbeitsbekleidung, undichten Fässern und was sich sonst noch so über Jahre angesammelt hatte.

Plötzlich hörten wir den Pfeitl junior aufschreien, dass wir schon befürchteten, er hätte sich an einer dieser Antiquitäten verletzt, aber er hatte den Geburtenhelfer unter einer alten Matratze entdeckt. Bis Anfang der 1990er-Jahre hatte es auf dem Hasenbichlhof noch eine Norikerstute gegeben und es ist bis heute noch Usus, „Rösslwachen" zu betreiben. Dazu verbringen die Bauern die Nächte im Stall, tagelang, manchmal wochenlang, wenn „das Luder über die Zeit geht", um die Geburt des neuen Fohlens nicht zu verpassen.

Modernere Bauern haben dazu heutzutage eine vom Schlafzimmer aus einsichtige Überwachungskamera, konservativere Vertreter des Berufsstandes eine Matratze, wo sie vor der Pferdebox zumindest dösen können.

Die Matratze vom Hasenbichl sah jedoch mit ihren Flecken so aus, als hätte die Stute während der Geburt daraufgelegen.

Aber Respekt vor dem jungen Pfeitl, dass er sich getraut hatte, das Objekt mit bloßen Händen hochzuheben.

Ich hätte dazu Rektalhandschuhe gebraucht.

Der Geburtenhelfer war rostig wie die Titanic.

„Los, fahr heim und hol den Entroster-Spray!", befahl der Pfeitl seinem Sprössling.

Der war gleich darauf wieder da, und nachdem wir den Geburtenhelfer eingeölt hatten, dass er spiegelte wie eine Speckschwarte, ließ er sich auch wieder bewegen.

Der Vorteil eines solchen Gerätes liegt nämlich darin, dass man ihn gegen das Becken der Kuh abstützen kann, wodurch ein Gegendruck zum reinen Zug entsteht.

Früher wurde das durch besonders schlaue Bauern dadurch bewerkstelligt, dass man die Kühe bei einer Schwergeburt mit einem Strick um den Hals fixiert hatte und dann mit dem Flaschenzug hantierte.

Natürlich wurde das Tier dadurch nicht von seinem Liegeplatz weggezogen, aber leider die Hals- und Lendenwirbel von ihrem naturgegebenen schon. Die Folge war meist eine Querschnittlähmung.

Ich gab der Kalbin noch eine leichte Narkose, um ihre Schmerzen ein wenig zu dämpfen, und los ging's.

Der Pfeitl hebelte jetzt wie verrückt, während der Junior die Stange gegen ein Abrutschen zum Euter hin sicherte und ich mich bemühte, am Kalb selbst mitzuziehen, was gar nicht so leicht ging, weil der Körper durch den Fruchtschleim ziemlich glitschig war.

Zentimeter um Zentimeter ging es vorwärts.

Da! Ein leichtes Knacksen und der kleine Stier (klein war allerdings gehörig untertrieben) rutschte ins weiche Strohbett. Er lebte erstaunlicherweise! Sofort überschüttete ich ihn mit eiskaltem Wasser, steckte ihm eine Akupunkturnadel in den Vitalisierungspunkt auf der Nase und verpasste ihm zusätzlich eine Kreislaufspritze. Dann ließ ich ihn durch den Pfeitl mit einer groben Bürste kräftig massieren.

Ich hatte mich um die Kalbin zu kümmern. Sie lag infolge der Narkose und Erschöpfung reglos da. Hoffentlich hatten wir ihr bei dem Gewaltauszug nicht das Becken gesprengt.

Keinen direkten Bruch zwar, aber die Verbindungen der einzelnen Knochen erweitert.

Ich gab ihr ebenfalls etwas für den Kreislauf und ordnete an, sobald sie wieder munter war, ein Mehlbrot zu verabreichen. Das ist ein altes Hausmittel zur Stärkung, bestehend aus warmem Wasser mit hineingerührtem Roggenmehl.

Mehr konnte ich im Augenblick nicht tun.

Am nächsten Tag schaute ich unaufgefordert am Hasenbichlhof vorbei, um zu sehen, wie es meinen Patienten ging.

Die Forsthuberin war ebenfalls wieder da und schüttelte den Kopf: „Das Kalb ist über Nacht gestorben und die Kuh frisst zwar, aber kann nicht aufstehen!“

Also doch das Becken!

„Das kommt nach so schweren Geburten leider vor. Aber noch werfen wir die Flinte nicht ins Korn! Reiben Sie ihr zweimal täglich mit heißem Vorschuss (das ist der Vorlauf, der beim Schnapsbrennen entsteht und reichlich Alkohol enthält) den gesamten Kreuzbereich ein.“

Vielleicht gibt es einen Kuh-Gott dort oben, hoffte ich inständig, als ich vom Hof fuhr. Schließlich hatten die alten Ägypter auch Hathor, die kuh-köpfige Göttin.

Sobald die Hasenbichl-Leute von ihrem Urlaub zurückwaren, fuhr ich nochmals dorthin, um die Geschichte zu erklären.

„Ich weiß schon alles!", sagte die Bäuerin zu meiner Beruhigung. „Sie haben unter den Umständen Ihr Möglichstes getan! Dumm, dass wir nicht da waren. Der Kuh geht es soweit ganz gut, nur aufstehen kann sie nicht!"

„Geben wir ihr noch etwas Galgenfrist!", bat ich.

Und tatsächlich! Am elften Tag nach der Geburt rief mich die Hasenbichlerin an und teilte mir voll Freude mit, dass die Kuh heute früh im Stall gestanden war.

Mein Herz machte einen Hochsprung, der für Olympia gereicht hätte.

Einige Tage später erhielt ich die Botschaft, dass sie sogar mit den anderen Tieren auf die Weide spaziert war und dort graste, als wäre nichts gewesen.

Das musste ich mir anschauen!

Befriedigt lehnte ich am Zaun und beobachtete mit Genugtuung und auch etwas Dankbarkeit der alten Hathor gegenüber, wie meine gewesene Patientin ein völlig normales Verhalten zeigte.

„Wo waren Sie denn im Urlaub?", frug ich die Hasenbichlerin, die neben mir stand und ebenfalls glücklich ihrer Jung-Kuh zusah.

„Auf Mauritius!"

‚Da schau her', dachte ich, wo die Bauern heutzutage herumkommen: „Und? Haben Sie wenigstens eine Blaue Mauritius mitgebracht?"

Sie sah mich erstaunt an: „Nein! Was ist denn das?"

„Na eine ganz besondere Briefmarke!", schmunzelte ich.

„Haben wir nicht. Allerdings haben wir einen Haufen Ansichtskarten nach Hause geschrieben …!"

Zur Sicherheit durchstöberte ich daheim die Post. Wie ich es gedacht hatte: keine Karte und schon gar keine Mauritius! Die Post bringt eben doch nicht allen was!

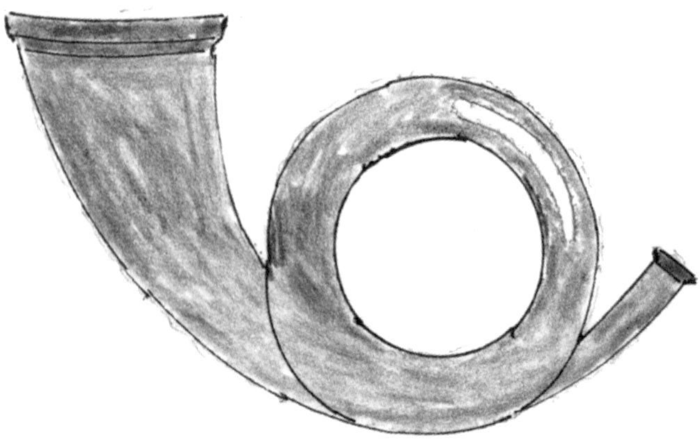

Fürsorgliche Bauern

Der Winter bei uns im Gebirge kann, wenn es ihm passt, gehörig seine Zähne und Klauen auspacken. Leider mit Vorliebe an solchen Tagen, an denen ich zu den entlegensten oder exponiertesten Bergbauernhöfen gerufen werde.

Zu den letzteren zählten der Oberhub und der Unterhub, der, wie schon der Name besagte, etwas weiter hangabwärts lag.

Das spielte aber keine große Rolle, denn zu beiden Höfen auf dem Bühel gelangte man nur über einen schmalen steilen Graben, der geschottert unter der Schnellstraßenbrücke hindurchführte und an dessen einer Seite es nochmals tief in eine wasserführende Schlucht hinunterging.

Auf bestimmte Teile dieses Einschnittes fiel das ganze Jahr über kein einziger Sonnenstrahl und die schlechte Wegbeschaffenheit sorgte zusätzlich für einen kostenlosen Adrenalinausstoß.

Nur im Winter – und das war einer der wenigen positiven Aspekte, die ich dieser Jahreszeit abgewinnen konnte – war es möglich, über die am Berg liegende Ortschaft von oben über eine festgewalzte Piste auf dem Oberhubfeld zuzufahren, was jedoch einen Umweg von mehreren Kilometern bedeutete. Aber was nahm man nicht alles der teuren eigenen Haut zuliebe in Kauf!

An jenem Tag war ich gerade dabei, eine komatöse Kuh vom Mühlbauern, der auf besagtem Umweg oberhalb der Hub-Gehöfte lag, wegen Milchfiebers zu behandeln. Es war ein schweres Tier, gute achthundert Kilo, sodass es zwei Infusionsflaschen Calcium brauchte, um ihre Lebensgeister wieder zu wecken. Es rannen soeben die letzten Tropfen durch den Infusionsschlauch, als mein Handy läutete.

Der Fischbachbauer war dran. Eine seiner beiden Stuten, hochträchtig, hatte eine Fehlgeburt, aber das Fohlen wollte nicht heraus.

Kruzitürkennocheinmal!

Ich wusste zwar nicht, woher der Fischbacher seinen Hofnamen herhatte, denn dort gab es weit und breit keinen Bach und Fische schon gleich gar nicht, aber dass er genau in weiter Entfernung zu dem Punkt, an dem ich mich im Augenblick befand, daheim war, das wusste ich schon.

Zum Glück war ich mit der Mühlbauer-Kuh fertig, sie hob schon selbständig den Kopf, ich raffte meine sieben Zwetschgen zusammen und hüpfte ins Auto. Während ich startete, überlegte ich. Nahm ich dieselbe Strecke, auf der ich hergekommen war, zurück, kostete mich das eine halbe Stunde. Probierte ich es über das Oberhubfeld, brauchte ich bis zur Schnellstraße höchstens zehn Minuten.

Da Pferdegeburten im Normalfall ziemlich rasch verlaufen, sollte man sich damit nicht allzu viel Zeit lassen. Das frühzeitige Fohlen lebte zwar mit Sicherheit nicht, aber für die Stute bedeutete es Stress.

Oberhub, entschied ich, wird schon schiefgehen!

Die Schneefahrbahn des Behelfsweges zeigte sich im oberen Abschnitt von einer erfreulich griffigen Beschaffenheit, das ging auch weiter so, bis ich die Abzweigung zum Unterhub erreichte. Dessen Stall hatte der Oberhub vor einigen Jahren dazu gepachtet und dort sein Jungvieh untergebracht. Offenbar hielt er gerade Nachschau, denn er stand an der Weggabelung wie ein menschliches Marterl, den unvermeidlichen kalten Zigarrenstummel im Mundwinkel, und sah meinen Fahrkünsten interessiert zu.

Ich hatte ihn noch nie rauchen gesehen, und da die Länge des Stummels immer die gleiche war, nahm ich an, er verwendete den Stumpen als eine Art Lutschtabak.

Ich brauchte beide Hände zum Lenken, daher nickte ich nur grüßend mit dem Kopf, was ihn jedoch nicht aus seiner regungslosen Ruhe brachte.

‚Muffiger Bauernschädel', dachte ich, konnte mich aber nicht weiter darum bekümmern, denn es ging jetzt in eine scharfe

Linkskurve, das Gefälle nahm zu und nach einer weiteren Rechtskurve befand ich mich auf dem Grabenweg.

Das heißt, nicht auf dem eigentlichen Grabenweg, sondern auf einer grauen, leicht bombierten Eisplatte, die sich ungefähr zweihundert Meter dahinzog.

Der Mund wurde mir trocken, während mir der Schweiß in Strömen ausbrach. Zurücksetzen konnte ich nicht mehr, da die Reifen auf dem blanken Eis keinen Halt mehr fanden und der Wagen mit seinen über zwei Tonnen sowieso nach unten wollte.

Ich hatte für Eiskunstlauf noch nie etwas Besonderes über und auf vier Rädern schon gar nicht. Zwar gab es damit kein Umfallen, aber das war auch schon der einzige Vorteil daran.

Mit verkrampften Händen bemühte ich mich, mein dahinrutschendes Gefährt halbwegs in die Spur zu trimmen und vom dräuenden Abgrund zur Schlucht hinunter fernzuhalten.

Endlich! Nach einer kurzen Fahrt, die mir wie eine Atlantiküberquerung vorgekommen war, erreichte ich die Stelle unter der Schnellstraßenbrücke, auf der wieder Schotter zutage trat. Dort konnte ich das Auto abfangen und zum Stehen bringen.

Ich schwöre: Hätte ich je Sünden auf mich geladen, sie wären sämtlich eingebüßt. Und ich hätte sogar noch für die Zukunft einige gut.

Ich schwor mir, nie wieder bis zu meiner Pensionierung würde ich diesen verdammten Weg im Winter noch einmal benützen. Und nachher schon gar nicht!

Einige Wochen später rief der Oberhub an, er bräuchte eine Besamung: Dreimal hatte er dieses „Sauviech“ schon mit dem Stier zugelassen, jetzt wollte er es ein letztes Mal mit dem Tierarzt probieren.

Eingedenk meines Schwures wählte ich dieses Mal den Umweg. Leider hatte sich das Wetter geändert, es ging auf das Frühjahr zu, die Sonne gewann von Tag zu Tag mehr Kraft und die Schneedecke über dem Feld begann, sulzig zu werden. Die

Räder ackerten sich durch den aufgeweichten Boden, ich hoffte nur, dass ich den Rückweg ebenfalls schaffte.

Auf dem Hof angelangt, knöpfte ich mir sofort den Bauern vor: „Sagen Sie, was ist Ihnen bei unserer letzten Begegnung eingefallen, dass Sie mich nicht aufgehalten und mir gesagt haben, dass der Grabenweg eine einzige Eisplatte ist?"

Der Vorwurf durfte ihn getroffen haben, denn er nahm sogar den Zigarrenstummel, was ich zuvor noch nie gesehen hatte, aus dem Mund und antwortete in gekränktem Tonfall: „Ich hab' mir eh gedacht, der traut sich was!"

Es wurde, wie erwähnt, März und der Lenz, nein, nicht der etwas einfältige Knecht vom Brunnbauern, sondern der poetische, oder, wie man ihn hierzulande nennt, der „Lassing", streckte sogar in unser Tal zaghaft seine Fühler aus.

Das gefiel dem scheidenden Winter gar nicht und er demonstrierte noch ein letztes Mal seine Herrschaft, indem er ein gewaltiges Tiefdruckgebiet von Italien zu uns herüberschaufelte.

Der morgendliche Blick aus dem Fenster zeigte Schnee, Schnee und nochmals Schnee, soweit das Auge reichte. Dazu kamen Sturmböen von geradezu biblischen Ausmaßen.

Die Visitenfahrten gestalteten sich den ganzen Tag lang zur Tortur. Auf den schmalen Güterwegen trieben die Böen als undurchdringliche Wände den Schnee vor die Motorhaube, sodass es kurzfristig unmöglich war, zu erkennen, wo die Fahrbahn verlief. Alle paar Meter musste ich stehenbleiben und abwarten, bis wieder halbwegs normale Sicht herrschte.

Pro Bauer brauchte ich fast eine halbe Stunde mehr und am Abend hatte ich neben Kopfweh auch die berüchtigten viereckigen Augen.

Völlig geschafft fiel ich um halb neun ins Bett, konnte aber trotzdem lange nicht einschlafen, weil draußen noch immer der Orkan tobte und sein Sausen und Brausen bis ins Schlafzimmer drang. Aber der Wettergott hatte ein Einsehen.

Am nächsten Morgen hatten sich Sturm und Schneefall gelegt, ein strahlend blauer Himmel wölbte sich über eine dicht verschneite Landschaft, in der Zaunpfosten und Telegraphenmasten zu bizarren Eisgebilden geworden waren.

Da rief der Kohlmeier an, eine Kuh hätte sich vor zwei Tagen das rechte Hinterbein verletzt.

„Gott sei Dank", seufzte ich erleichtert, „war das noch nicht gestern der Fall." Denn der Kohlmeierhof lag ganz oben am Berg und die Zufahrt zu ihm war mit steilen Kurven übersät.

Die Kuh lag da und machte im Ganzen gesehen einen gesunden Eindruck.

„Der rechte Hinterhaxn ist es", sagte der Kohlmeier, „wahrscheinlich ist sie im Laufstall ausgerutscht, weil sie ‚stierig' ist und eine andere unvermittelt auf sie aufgeritten ist."

Ja, der Laufstall bringt nicht nur Vorteile mit sich, weil der Boden, bis auf die eingestreuten Liegeplätze, durchaus rutschig sein kann und ich schon manche Kuh in der Situation erlebt hatte. Natürlich gab es ein einfaches Mittel dagegen, eine brünstige Kuh von den übrigen abzusondern, aber wer hat heutzutage als dringend erforderlicher Nebenerwerbsbauer noch die Zeit dazu?

Auch der Kohlmeier arbeitete tagsüber bei den Bergbahnen.

Wir wälzten mit Mühe das Tier auf die andere Körperseite, denn Kühe liegen mit Vorliebe auf ihren erkrankten Gliedmaßen.

Ich beugte mich nieder und tastete das Bein von unten nach oben ab, da versetzte mir die Kuh einen Fußtritt, als ob sie beabsichtigte, mich als zweiten Patienten neben sich zu sehen.

„Ein Muskelriss scheint es jedenfalls nicht zu sein", ächzte ich und hüpfte wie ein Storch ohne Baby durch den Stall, „wenn wir Glück haben, handelt es sich um eine Zerrung im Leistenbereich. Ich gebe ihr eine Vitamin-B-Spritze und lasse Ihnen ein Pulver gegen die Schmerzen da!"

Das Pulver hätte ich eigentlich auch für mich gebraucht, dachte ich im Stillen.

„Ihr Kollege Brenner ist aber keine große Koryphäe!", ließ sich plötzlich der Kohlmeier vernehmen!

Ich war verblüfft!

Der Kollege Brenner aus dem benachbarten Pinzgau war ein vollkommen netter Mensch und ein Tierarzt mit guten Ergebnissen bei der künstlichen Besamung! Nur mit seinen klinischen Fähigkeiten haperte es gewaltig. Leider bemühte er sich auch nicht, um seine Diagnose- und Behandlungsbilanz zu steigern. Das war ein offenes Geheimnis unter den Bauern, aber ich war nicht gewillt, eine Kritik an einem Kollegen zu bestätigen.

Deshalb frug ich nur: „Wie kommen Sie darauf?"

„Na, weil er gestern da war, die Kuh nur von Weitem angeschaut hat und gesagt hat, da kann er nichts machen!"

Jetzt war ich völlig perplex: „Wieso haben Sie den Brenner an einem gewöhnlichen Wochentag gerufen, an dem ich sowieso gearbeitet habe?"

Der Kohlmeier schaute mich treuherzig an: „Weil ich gestern auch noch zwei Besamungen gehabt habe und ich Sie bei dem gefährlichen Scheißwetter nicht extra heraufplagen wollte!

Weil, wenn etwas passiert, dann nicht unser Tierarzt!"

Zum nächsten Kirtag ist ihm ein Lebkuchenherz von mir sicher!

Eine anrüchige Geschichte

„Wenn's Arscherl brummt, bleibt's Herzerl gsund!"

Diesen in sich nicht ganz reimenden Sinnspruch findet man heute noch auf Lebzeltenherzen bei rustikalen Volksbelustigungsveranstaltungen, wie zum Beispiel beim Münchner Oktoberfest oder dem Hofgasteiner Kirtag.

Jedoch ist diese alte, medizinisch nicht ganz zu verwerfende Weisheit in Verruf geraten!

Denn seit geraumer Zeit werden Rinder als einer der Hauptschuldigen für die Klimaerwärmung verantwortlich gemacht, weil sie als Wiederkäuer in ihren zu Gärkammern umfunktionierten Mägen unter anderem das Treibhausgas Methan produzieren, das entweder durch den Ruktus, eine Art Rülpsen, oder über den Darmausgang, was man auch gemeinhin als Furz bezeichnet, ausgeschieden wird. Gewiss, angesichts dieser Eigenschaft stellen die eins komma acht Milliarden Rinder, welche es weltweit gibt, keinen, wie vernachlässigbare Kleinigkeiten so schön in Wien bezeichnet werden, „Lercherlschas" dar.

Allerdings erhebt sich die Frage, warum man in diesem Zusammenhang nie auch die Milliarde Schafe, die sich auf unserem Globus tummeln, anspricht. Wenn schon, denn schon.

Weil die vierbeinigen Wollpullover ebenfalls zu den Wiederkäuern zählen und ihre Verdauung dieselbe ist.

Vor Ankunft der weißen Siedler lebten in Nordamerika dreißig bis sechzig, hier schwanken die Schätzungen, Millionen Bisons. Die Menschheit darf sich also verspätet bei allen schießwütigen Gesellen bedanken, die diese imposanten Tiere an den Rand der Ausrottung gebracht haben. Und Buffalo Bill war somit auch kein einfacher Büffelschlächter, sondern der allererste und vorausschauende Klimaschützer. Er hat sogar die „Letzte Generation" erfunden. Zumindest unter den Bisons! Greta Thunberg und

Arnold Schwarzenegger sollten ihm deshalb noch posthum einen Orden verleihen.

Schwarzenegger, der sowieso überall dabei ist, würde für so einen Beitrag zum Klimaschutz sicher gerne in einen Charterflieger steigen.

Was jedoch feststeht, ist, dass unter heftigen Flatulenzen das Raumklima geschädigt wird.

Neulich stand der Brenner, ein bekannter Hüttenwirt in unserer Gegend, im Warteraum, an der Leine einen jungen Border Collie.

„Was bist denn Du für ein Netter?", fragte ich und beugte mich hinunter, um ihn zu streicheln.

Er quittierte diese Annäherung mit freudigem Schweifwedeln, Handabschlecken und dem Versuch, an mir hochzuspringen. Dabei entkam ihm ein Wind, der nicht von schlechten Eltern war.

„Ja", sagte der Brenner, „das ist unser neuer ‚Schnaps', nachdem Sie den alten einschläfern mussten."

Ich konnte mich noch genau daran erinnern! Es war eine regelrechte Familientragödie. Schnaps, der Ältere, litt an Nierenversagen, der Tod war eine Erlösung für ihn gewesen. Zuerst wollte ihn der Brenner durch den Jäger erschießen lassen, aber da hatte er seinen gesamten weiblichen Hausstand am Hals. Außerdem wäre, wenn das auffliegen sollte, noch die Behörde mit saftigen Strafen dazugekommen, denn diese rustikale Form der Euthanasie ist durch das Tierschutzgesetz verboten.

Während ich dem ergrauten Hund, der in Vollnarkose lag, das Tötungsmittel ins Herz injizierte, begannen die Töchter ein Geschrei, das geeignet war, Schnaps wieder wach zu bekommen. Seither ließ ich keinen Tierbesitzer mehr, nachdem er sich zuvor von der Unempfindlichkeit seines Lieblings überzeugt hatte, beim finalen Akt dabei sein.

„Und das ist also der neue ‚Schnaps'!", sagte ich. Beim Brenner hatte noch jeder Hund „Schnaps" geheißen, was ich bei einem Hüttenwirt ganz passend fand.

Als Schnaps seinen Namen hörte, wedelte er wieder und ließ einen ziehen, der atemberaubend war.

„Das ist kein Border Collie, das ist ein Windhund!", sagte ich und riss das Ordinationsfenster auf.

„Ja genau! Sehen Sie das Problem?"

„Sehen kann ich es nicht, aber riechen! Geht das die ganze Zeit so dahin?"

„Leider! Wir können ihn nicht mehr im Haus halten! Wegen der Gäste und so! Neulich hat der Pfarrer bei uns eine Bergmesse gehalten und danach zur Hauslehre geladen (Hauslehren sind religiöse Unterweisungen in Privathäusern), aber schon nach zwanzig Minuten ist der Hochwürden aufgesprungen, hat sich ein Sacktuch vor die Nase gehalten und gemurmelt: ‚Gott erlöse uns von allen Übeln!', und hat fluchtartig die Hütte verlassen. Und alle anderen mit ihm!"

„Was geben Sie ihm denn zu fressen?"

„Ungeputzte Kutteln! Ich habe einmal irgendwo gelesen, dass das ein gesundes Futter für Hunde sein soll. Unser Schwiegersohn, der Andi, arbeitet ja beim Metzger. Und da bringt er jedes Mal gleich ein paar Säcke heim. Die friert meine Frau dann ein. Wir haben uns allerdings schon Diätfutter im Internet bestellt, nur genützt hat das gar nichts."

„Was diesbezüglich im Internet angeboten wird, ist hauptsächlich Schrott! Hat er", ich vermied ausdrücklich den Namen auszusprechen, um keine weitere Windböe zu entfachen, „Durchfall?"

„Ab und zu! Und der stinkt auch erbärmlich!"

„Hat er manchmal einen Blähbauch?" Ich setzte die Inquisition fort.

„Aber ja! Das ist es ja, was mich so stutzig macht, woher er den herhat, wo doch dauernd Gase abgehen!"

„Ihr Hund", ich umging vorsichtshalber erneut den Namen, „hat eine schwer gestörte Darmflora! Zuallererst müssen Sie die Kutteln weglassen!"

„Und was soll ich mit denen dann machen, die wir schon haben?“

„Vielleicht Kuttelsuppe!“, schlug ich nicht ernstgemeint vor.

Der Brenner starrte mich an: „Geh'n Sie, wer frisst die denn bei uns?“

„Ich täte es auch nicht“, gestand ich, „aber Spaß beiseite …“

Leider hatte Schnaps statt Spaß Schnaps verstanden, weil er uns vor lauter Begeisterung in eine Wolke hüllte, die einem ausgewachsenen Aasgeier den Atem verschlagen hätte.

Sobald ich wieder Luft bekam, setzte ich fort: „Wir müssen die Darmflora wieder behutsam aufbauen. Dazu geben Sie dem Hund täglich Joghurt, von mir bekommen Sie zusätzlich ein Präbiotikum und homöopathische Tropfen. Außerdem verabreichen Sie zwei Teelöffel Aktivkohle!“

Der Brenner bedankte sich und Schnaps ebenfalls, indem er zum Abschied noch unter Schweifwedeln einen würzigen Abgang gasförmiger Natur hinterließ.

Der Brenner würde sich doch kein nordamerikanisches Stinktier statt eines Border Collies angedreht haben lassen, von der schwarz-weißen Fellzeichnung und der Absonderung her läge das aber im Bereich des Möglichen.

Einige Wochen später musste ich hinauf zur Brenner-Hütte, weil der Hund eines Wandertouristen infolge der Hitze einen leichten Kollaps erlitten hatte.

Ich gab dem Tier eine Kreislaufspritze und riet, es für einige Zeit mit nasskalten Tüchern zu bedecken.

Danach setzte ich mich an einen der rohgezimmerten Tische und bestellte ein Kracherl.

„Na, einen Schnaps werden Sie doch noch vertragen!“, kam der Brenner auf mich zu.

Ich zuckte leicht zusammen, weil Schnaps ausgerechnet zwischen meinen Beinen saß und sich kraulen ließ.

„Alles paletti, Herr Doktor, nur keine Panik! Mit Schnaps ist alles wieder in Ordnung! Nach zwei Wochen war seine Furzerei zu Ende und stinken tut er seitdem auch nicht mehr! Er ist, wie man so sagt, wieder gesellschaftsfähig!"

„Na, das ist doch schön zu hören!"

„Ja, nur der Vater war mit Ihrer Behandlung überhaupt nicht zufrieden!"

„Entschuldigung, aber was hat Ihr Vater mit meiner Behandlung zu tun?"

„Na, der hat ja auch ständig Blähungen! Und jetzt kann er es nicht mehr auf den Hund schieben!"

„Dann erzählen Sie ihm doch die Geschichte", begann ich, „in der zwei alte Bauern am Wirtshaustisch sitzen und wortlos ihre Gesteckpfeifen schmauchen, bis der eine auf einmal sagt: ‚Da stinkt's!'

Eine halbe Stunde vergeht, dann sagt der andere: ‚Das wird der Hund sein!'

Eine weitere halbe Stunde später bückt sich der Erste, schaut unter den Tisch und verkündet: ‚Ist ja keiner da!'

Noch einmal vergeht eine halbe Stunde, dann brummt der Zweite: ‚Wird schon einer kommen!'"

Als ich wieder von der Alm hinunterfuhr, fiel mir noch der alte Witz ein, in dem Königin Viktoria den damaligen US-amerikanischen Präsidenten als Gast empfangen hatte. Sechsspännig fuhr die offene Kutsche durch das Tor des Buckingham-Palastes, als dem hintersten Pferd links ein epochaler Furz, sowohl was Lautstärke als auch Intensität betraf, entfleuchte, sodass es der Queen fast den Hut vom Kopf wehte und dem Präsidenten den Zylinder.

Der Königin war das natürlich furchtbar peinlich und sie wandte sich an ihren Gast: „Oh, I am so sorry, I beg you pardon, Sir!"

Der Präsident rückte seinen Zylinder wieder zurecht und meinte begütigend: „Das macht nichts, Madam, ich hatte zuerst gedacht, es war das Pferd!“

Tiere sind auch nur Menschen

Auf die Kessel-Alm hinauf ist es wahrlich kein Katzensprung. Zuerst fährt man eine ganze Weile bergwärts, zuerst an der unteren Hasel-Alm vorbei, später an der oberen Hasel-Alm, und wenn man den Bergkamm endlich erreicht hat, geht es auf der anderen Seite wieder ein ganzes Stück hinunter, weil sie in einem saftiggrünen Talkessel liegt, von dem sie ihren Namen hat.

Der Dachslederer-Bauer, der die Alm seit vielen Jahren gepachtet hatte, wollte eine Kuh besamen lassen, wie mir Karin, die mir wieder in liebenswürdiger Weise half, indem sie die am Morgen eingehenden Visitenwünsche telefonisch entgegennahm, mitteilte.

Ich verzog das Gesicht wie bei Zahnweh: ein riesiger Zeitaufwand wegen einer einzigen ordinären Besamung. Dabei schien der Vormittag sowieso schon nicht für einen Arbeitslosen gemacht.

Meine Laune wurde auch nicht besser, als Karin noch sagte: „Du sollst auch was mitnehmen, um den Bruno einzuschläfern, es ist so weit, seit gestern frisst er nicht mehr!"

Ich musste erst einmal schlucken: Bruno, ausgerechnet Bruno! Sicher, er war bereits vierzehn Jahre alt und in letzter Zeit höchst klapperig geworden. Hören tat er schon lange nichts, auch um das Sehen war es immer schlechter bestellt gewesen und mit dem Gehen tat er sich zunehmend schwerer. Nur der Appetit war bis jetzt ungebrochen gewesen.

Ich kannte Bruno schon als kleinen fetten, aber quirligen Welpen, hatte ihn mehrfach geimpft und entwurmt, trotzdem war er stets begeistert, wenn er mich sah. Kaum öffnete ich die Autotür, stellte er sich schon mit den Vorderpfoten auf das Trittbrett und schlabberte mir mit Intensität die nackten Knie ab, wenn ich im Sommer Shorts trug. Dabei roch er nach Wald und frischer

Wiese, wenn er gerade vom Kühetreiben kam, oder nach Rossknödeln, in denen er sich dazwischen so gerne wälzte.

Als der liebe Gott die Hunderassen verteilte, hatte Bruno offenbar bei jeder die Vorderpfote gehoben, denn man konnte unmöglich feststellen, was des Pudels ursprünglicher Kern war.

Und jetzt ging es zu Ende mit ihm und ich musste ihm den letzten bitteren Freundschaftsdienst erweisen.

Aber als ich vor der Almhütte anhielt und die Tasche mit den Kleintiermedikamenten aus dem Wagen hob, kam der Dachslederer-Bauer auf mich zu geschlendert und sagte ruhig: „Morgen, Herr Doktor! Sie brauchen sich wegen Bruno nicht mehr zu bemühen, er hat's überstanden!"

„Tot?", frug ich, zugegebenermaßen nicht sehr intelligent.

„Mause!" Der Dachslederer war noch nie ein Freund vieler Worte. Er führte mich um das Hauseck, wo der hölzerne Brunntrog stand. Bruno lag da, als wenn er friedlich schlafen würde.

„Dort hat er sich hechelnd hingelegt, weil es da schön kühl ist. Und als ich vor einer Stunde wieder nach ihm geschaut habe, war er schon kalt!"

„Ist der Bruno tot?" Das war die kleine Anita, die vierjährige Enkelin in der Dachsledererfamilie, die uns nachgeschlichen war.

Ich nickte: „Schau, er war halt schon sehr alt, aber er hat bei Euch ein langes schönes Leben gehabt."

„Muss ich auch einmal sterben?"

„Jeder muss einmal sterben! Das ist so! Aber Du hast noch so viel Zeit vor Dir, dass Du heute gar nicht daran denken sollst."

„Warum muss jeder sterben?"

„Weil das wieder Platz schafft für die nächsten, die auf die Welt kommen. Sonst wäre die Erde bald hoffnungslos überfüllt."

„Ich weiß, woher die Babys kommen!", rief Anita plötzlich voll Stolz. „Die bringt der Storch!"

Das erinnerte mich, dass ich noch eine Besamung vor mir hatte und ich hoffte, dass mich die Kleine nicht für den Storch hielt.

Plötzlich wurde sie nachdenklich: „Aber wenn der Storch die Babys bringt, wer bringt dann die Babys für den Storch?“

Hoppla, die Sache schien heikel zu werden!

„Der Nachbarstorch!“, erklärte ich schnell. Bevor sie das Thema noch weiter beackern konnte, marschierte ich rasch zum Wagen mit dem Samencontainer, um selbst ein bisschen Storch zu spielen.

Eine alte tierärztliche Faustregel lautet: Wenn man sich auf's Essen freut, ist der Notfall nicht mehr weit!

Ich hatte soeben die Vormittagsbesuche abgeschlossen, darunter ein Schaf, dem die Wolle ausging, zwei Schweine mit Rotlauf und ein junges Kalb, das eine Nabelentzündung hatte.

Ich befand mich daher schon auf dem Heimweg, als mich Karins Anruf erreichte: „Ich stelle Dir das Essen warm, beim Oberleitenbauern ist eine Geburt! Eine Kalbin!“

Das bedeutete Umdrehen mit dem Auto. Ich seufzte.

„Was hätte es denn zu Mittag gegeben?“

„Fleischlaberln!“

‚Na schön', dachte ich, ‚die kann man zur Not auch kalt essen.'

Das Oberleitengut war ein schöner großer Hof, sehr gepflegt. Kein Wunder, vermietete die Bäuerin doch zehn Ferienappartements, die offenbar alle belegt waren, wie der randvolle Parkplatz bewies. Deutsche, holländische, italienische Fahrzeuge standen dort und sogar ein Landsmann von mir mit einer Wiener Nummer.

Im Stall hatten sich auch schon allerhand neugierige Zaungäste eingefunden, die ein aufregendes Ereignis im Landleben hautnah mitverfolgen wollten. Das passte mir überhaupt nicht.

Als junger Tierarzt, der stolz auf sein Diplom war, konnte ich bei solchen Gelegenheiten nicht genug Zuschauer um mich haben, die meine Kunstfertigkeit bewundern sollten, heute empfand ich Publikum dabei als störend. Ja, bei älter werdenden Männern verlegt sich die Eitelkeit auf andere Gebiete.

Während ich den Geburtsmantel anlegte, ersuchte ich den Oberleitner, die Leute aus dem Stall zu schicken, diese Menschenansammlung würde für das Tier Stress bedeuten. Bis auf eine ziemlich alternativ anmutende, junge Mutter mit ihren zwei Sprösslingen kamen die Übrigen der Aufforderung nach.

„Nee“, sagte die Dame, „wir haben Urlaub am Bauernhof gebucht und deshalb will ich das jetzt auch sehen! Wir sind auch ganz mucksmäuschenstill!“

Der Oberleitner konnte sie schlecht mit dem Ochsenziemer zum Tempel hinausjagen, er verdrehte nur die Augen.

Die Kalbin hatte auch so Stress genug. Sie lag in der Geburtsbox und versuchte immer wieder zu pressen.

„Wie lange geht das schon so?“

„Die Fruchtblase ist vor drei Stunden geplatzt!“

Ich nickte: Das ist für eine Kalbin noch nicht überlang. Erstgebärenden muss man immer mehr Zeit zubilligen. Bei einer Kuh hingegen sollte sich schon nach zwei Stunden etwas Entscheidendes tun.

„Würden Sie sie bitte auftreiben?“

Der Oberleitner schüttelte den Kopf: „Hab’ ich schon versucht. Klappt nicht! Sie will liegenbleiben!“

Mir blieb also nichts anderes übrig, als mich bäuchlings hinter das Tier zu legen. Behutsam schob ich meinen mit Desinfektionsmittel eingeriebenen Arm in die Vulva und weiter durch den Muttermund in die Gebärmutter und versuchte mich zu orientieren. Der Kopf war da, das linke Bein des Kalbes auch. Vom rechten spürte ich nur die Schulter, das heißt, es war nach hinten abgewinkelt. Also eine einseitige Schultergelenksbeugehaltung, wie diese Komplikation laut gynäkologischem Lehrbuch hieß.

Es half nichts, die Kalbin musste aufstehen, sonst würde ich das Bein niemals vorverlagern können, weil das gesamte Gewicht darauf lastete. Ich schlug ihr mit der flachen Hand auf den Bauch in der Pansenregion, weil er dort den idealen Resonanzboden bildete. Wiederholte man das ein paar Mal, standen die Patientinnen in leichteren Fällen ohne Weiteres auf, weil ihnen das lästig war.

Die hier war aber von der hartnäckigen Sorte. Sie streckte den Kopf nach vor, öffnete den Mund und reckte die Zunge heraus. Das untrügliche Signal für: Du kannst mich mal!

Der Oberleitner wollte meine Bemühungen unterstützen und kam mit einem Stecken.

Ich bedeutete jedoch mit einem Kopfschütteln, dass er das besser lassen sollte. Erstens schien es mir nicht geraten, vor den Augen der Urlauberin auf die Kalbin einzuschlagen, zweitens hatten mich mehr als dreißig Jahre Erfahrung gelehrt: Ging es mit der flachen Hand nicht, zeigte auch ein Stock keine Wirkung, auch wenn man noch so fest zuschlug. Drittens widerstrebte es mir grundsätzlich, wenn auf ein Tier eingeprügelt wurde.

Da half also nur mehr der gute alte Alessandro Volta, der die elektrische Batterie erfunden hatte.

Ich ging zum Auto und holte den Viehtreiber. Ich wusste, dass diese Geräte in der Öffentlichkeit einen schlechten Ruf genossen, nicht immer zu Unrecht, weil auch häufig Missbrauch damit getrieben wurde. Zum Beispiel auf Schlachthöfen. Aber es gibt bekanntlich Viehtreiber von unterschiedlicher Stärke. Ich brauche ja keine Brandlöcher zu verursachen, mein Modell ist von sanftem Naturell und erschreckt hauptsächlich mit seinem Summerton das Tier. Schmerz verursacht es überhaupt nicht, ich habe es selbst an mir ausprobiert, ein kurzes unangenehmes Prickeln ist das höchste der Gefühle. Heute ist die Verwendung sowieso nicht mehr erlaubt, damals galt das jedoch noch nicht.

Der Viehtreiber funktionierte auch hier. Die Kalbin stieß ein erschrockenes Brüllen aus und sprang, wie von der Tarantel gebissen, in die Höhe. Na bitte.

Sie war aber nicht die Einzige, die was von sich hören ließ. Die alternative Dame rief: „Aber das ist doch …!“

„Ruhe!“, fuhr ich dazwischen. „Sie haben versprochen, den Mund zu halten!“

Nachdem der Bauch der Kalbin frei in der Luft hing, ging das jetzt ruckzuck. Ohne Schwierigkeit brachte ich das verlagerte Bein des Kalbes dorthin, wo es hingehörte, nämlich in den Geburtsweg. Es war nicht besonders groß, ich brauchte nicht einmal Geburtsstricke, sondern schnappte mir einfach die Klauen, zwei kräftige Züge und ein munteres Kalb flutschte heraus. Es schaute sogar ein wenig beleidigt aus der Wäsche, als wollte es sagen: „Und dafür habt Ihr so lange gebraucht?“

Ich wischte ihm den Fruchtschleim aus den Nasenlöchern und lachte: „Vergiss nicht, meine Kleine“, denn es war ein Kuhkalb, „Du auch!“

Nach einer Minute allerdings sahen wir drei, die Kalbin, das Neugeborene und ich, ziemlich zufrieden drein.

Bis auf die alternative Dame. Da alles vorbei war, glaubte sie, ihren Senf dazugeben zu dürfen: „Das ist doch unerhört, das arme Tier mit dem Elektroschocker zu traktieren. Von einem Tierarzt hätte ich das nicht gedacht!“ Sie war die leibhaftige Empörung.

Jetzt reichte es! Ich sah mich in meiner Haltung, Laien, die von der Materie keinen blauen Dunst besitzen, nicht dabei haben zu wollen, bestätigt.

Ich baute mich im fruchtschleimverschmierten Geburtsmantel vor ihr auf, was sie, angesichts meines Gesichtsausdruckes, falsch interpretierte. Wenigstens hatte ich den Elektroschocker nicht mehr in der Hand.

„Gnädigste!", sagte ich mit bemüht ruhiger Stimme. „Sie werfen mir Tierquälerei vor, dabei haben Sie keine Ahnung! Wenn ich die Kalbin nicht zum Aufstehen gebracht hätte, wäre es mir nie gelungen, die Fehllage zu berichtigen. Und dann hätte ich einen Kaiserschnitt machen müssen, der für ein Tier wesentlich belastender und risikoreicher ist. Dagegen ist so ein kleiner Stupser ein Lercherlschas!" Ich wählte ausdrücklich dieses derbe Wort, um ihr zu zeigen, dass ich die Diskussion als beendet ansah. „Es ist wie bei Menschen. Da brauchen manche auch einen kleinen Anstoß von außen, damit es zu ihrem Besten ist. Und Tiere sind auch nur Menschen!"

Jetzt mischte sich der Oberleitner ein, dem beim Gedanken an einen teuren Kaiserschnitt bereits die Grausbirnen aufgestiegen waren: „Genau! Unser Doktor liegt immer goldrichtig!"

Ich sah ihn belustigt aus den Augenwinkeln heraus an.

Diesen Satz würde ich mir merken, wenn er sich das nächste Mal bestimmt wieder über die angeblich zu hohe Honorarnote beschweren würde.

Ein paar Schrauben locker

Endlich Samstagnachmittag! Das Wochenende rückte schon aufmunternd näher, wenn nicht die blöde Uhr noch wäre. In einer Stunde würde ich den Anrufbeantworter einschalten und auf den zum Sonntagsdienst eingeteilten Kollegen verweisen. Danach hätte ich anschließend einen ganzen ungestörten Abend und den Sonntag für mich. Und natürlich für Karin.

Was wir allerdings mit der kostbaren, weil seltenen, Freizeit anfangen würden, war mir noch schleierhaft, ursprünglich hätten wir nach längerer Zeit einen kleinen Ausflug auf den Untersberg geplant gehabt, aber seit in der Früh goss es wie aus Kübeln und für den nächsten Tag war auch keine Besserung in Sicht. Dabei hatte die Vorhersage einige Tage zuvor noch ein prachtvolles Herbstwetter prophezeit, das kleine Tief, das sich von Italien heraufschieben würde, war ein bisschen übersehen worden.

Missmutig starrte ich durch die vor Regenschlieren fast undurchsichtigen Fensterscheiben hinaus in die immer dunkler werdende Landschaft, die nur von einzelnen Blitzen in Begleitung mit entferntem Donnergrollen kurzfristig erhellt wurde, und meinte zu Karin: „Wenn ich noch einmal auf die Welt komme, werde ich entweder Politiker oder Meteorologe. Würde ich mir in meinem Beruf so eklatante Falscheinschätzungen erlauben, wäre ich längst arbeitslos. Aber bei denen müssen immer andere deren Fehler ausbaden, bei den Wetterfröschen sogar wortwörtlich!"

„Ach komm, Du alter Miesepeter", erwiderte Karin, „dann verbringen wir halt ein ruhiges Wochenende daheim und fahren ein anderes Mal auf den Untersberg! Der Kaiser Karl wird es schon erwarten!"

Der Legende nach schläft nämlich der sagenhafte Kaiser Karl in einer Höhle tief drinnen im Untersberg, wo er alle hundert Jahre erwacht und frägt, ob die Raben noch um den Berg fliegen. Wenn ihm die Nachricht hinterbracht wird, dass dem so ist, schläft er weitere hundert Jahre. Während der langen Zeit ist ihm dabei sein Bart schon mehrmals um den Marmortisch herum gewachsen.

„Bis dahin ist mir mein Bart auch schon um unsere Möbel gewachsen!“, murrte ich. Aber bevor ich noch weiter vor mich hin räsonieren konnte, läutete es an der Ordinationstüre.

„Das auch noch!“

„Je später der Abend, desto schöner die Gäste!“, pflanzte Karin, obwohl ihr anzumerken war, dass sie sich ebenfalls schon nach ungestörter Feierabendlaune gesehnt hatte.

Als ich die Türe öffnete, stand Frau Schachinger draußen wie ein begossener Pudel. Und das nicht nur wegen des anhaltenden Regens. In der Hand trug sie den Katzenkäfig.

Aha, offenbar hatte Merlin wieder einmal ein Problem. Merlin war ein kompakter, kohlrabenschwarzer Kater, der nach Art der alten Revolverhelden im Wilden Westen, welche für jeden Triumph über den jeweiligen Gegner eine Kerbe in den Holzgriff ihrer Waffe schnitten, es bevorzugte, als Unterlage dazu meinen Handrücken zu benützen.

Also noch keine Rede von einem friedvollen Arbeitstagausklang.

Frau Schachinger stellte den Katzenkäfig auf den Ordinationstisch und schüttelte sich erst einmal ausgiebig: „Brrr! So ein Sauwetter! Da jagt man ja keinen Hund auf die Straße!“

„Deswegen sind Sie ja auch mit einer Katze gekommen! Was hat er denn?“

„Ich weiß nicht! Plötzlich benimmt er sich so komisch! Wie wenn er ein paar Schrauben locker hätte! Deshalb bin ich sofort zu Ihnen!“

Ich spähte durch die Gitterstäbe der Käfigtüre. Tatsächlich! Merlin rollte sich von einer Seite auf die andere, strampelte dabei mit den Pfoten, mauzte unaufhörlich, wobei ihm ein wenig Speichel aus dem Mund troff.

„Kann er Tollwut haben?“ Die Besorgnis war der Besitzerin deutlich anzuhören.

„Schwerlich! In unserer Gegend gibt es so gut wie keine Tollwut! Außerdem habe ich ihn ja erst vor ein paar Monaten dagegen geimpft!“ Zum Beweis hielt ich Frau Scharinger meine neueste Narbe am Handgelenk unter die Nase.

„Oder eine Vergiftung?“

„Das weiß ich nicht! Aber wo soll er sich die zugezogen haben?“

„Wollen Sie ihn nicht einmal herausnehmen?“

Von Wollen konnte keine Rede sein. Aber Frau Scharinger hatte Recht. Dieses Frage- und Antwortspiel brachte uns nicht weiter.

Ich streifte also schweren Herzens ein Paar Handschuhe über, die allesamt den Nachteil besaßen, dass sie einerseits ziemlich dick sein mussten, damit sie vor den Krallen und Zähnen schützten, anderseits dadurch die Beweglichkeit der Finger einschränkten.

Aber Merlin schien glücklicherweise im Moment nur mit sich selbst beschäftigt zu sein.

Vorsichtig öffnete ich die Käfigtüre und schob die Hände hinein. Dabei näherte sich auch mein Kopf dem Katzenbehältnis.

„Baldrian“, rief ich, „da riecht’s nach Baldrian!“

„Na ja“, meinte Frau Scharinger verschämt, „wissen Sie, ich habe so Angst vor Gewittern und da habe ich vor lauter Zittern, als ich die Medizin auf den Kaffeelöffel getropft habe, ein Bisschen was verschüttet und Merlin hat sich sofort wie ein Wilder draufgestürzt und alles aufgeschlabbert!“

„Na, da haben wir es!“ Erleichtert verschloss ich den Käfig wieder. „Kein Wunder! Bei Baldrian drehen manche Katzen durch!“

„Wieso? Ich dachte immer, Baldrian beruhigt!“

„Das menschliche Nervenkostüm. Bei Katzen tritt oft der gegenteilige Effekt zutage!“

„Und was tun wir dagegen?“

„Gar nichts! Es ist völlig ungefährlich und nach einer Weile verfliegt die Wirkung ohnehin. Wahrscheinlich sogar schon, bis Sie wieder zuhause sind. Und wenn nicht, gebe ich Ihnen noch zur Sicherheit homöopathische Baldriantropfen mit."

„Schon wieder Baldrian? Aber Sie sagten doch eben …!"

„Ich weiß, was ich gesagt habe!", unterbrach ich und linste dabei heimlich auf die Uhr. Zwanzig Minuten noch. „Das ist ja das Wesen der Homöopathie: *similia similibus currentur* oder, salopp ausgedrückt, Gleiches mit Gleichem heilen! Die Symptome, die die Reinsubstanz hervorruft, werden durch die homöopathische Form beseitigt. Wenn Sie zum Beispiel von einer Biene, lateinisch *Apis mellifica*, gestochen worden sind, gibt es nichts Besseres dagegen als das homöopathische Apis!"

Während ich eine kleine Tropfflasche abfüllte, war mir, als würde sich der Zustand des Katers bereits normalisieren.

Zuversichtlich komplementierte ich Frau Scharinger samt ihrem Merlin wieder hinaus in den Regen.

Danach setzte ich mich in den Lehnstuhl und genehmigte mir die ersten Pfeifenzüge an diesem Tag, während ich überlegte, ob ich das Gleiche auch schon mit dem Cognac machen sollte. Lieber noch abwarten.

Um punkt fünf Uhr schritt ich zum Telefon, um es abzuschalten. Mein Zeigefinger schwebte, ich schwöre, nur mehr ein paar Millimeter über den erlösenden Knopf, da läutete doch tatsächlich der verdammte Apparat.

Als Tierarzt hat man es ja hin und wieder mit schwierigen Hunden zu tun, der schwierigste bleibt aber immer der eigene Schweinehund.

Über dreißig Jahre tierärztliche Praxis von früh bis spät und häufige Nachteinsätze haben den Fels meines Pflichtgefühls schon ein wenig brüchig werden lassen, aber ein paar Pfeiler standen immer noch unerschütterlich.

Ich hob also ab.

„Ja?“, frug ich mit einer Stimme, die aus meinem eigenen Grab hätte stammen können.

Es war der Lippbauer, ein unheimlich netter Mensch, aber was er mir zu sagen hatte, war überhaupt nicht nett: „Herr Doktor, gut, dass ich Sie noch erwische! Bei uns auf der Alm hat eine Kuh gekalbt und jetzt ist sie mit der Puscht da!“

Ich stöhnte. Also ein Gebärmuttervorfall. Und das ausgerechnet auf der Rock-Alm!

Bisher war ich nicht abergläubisch, aber seither bin ich überzeugt, dass schwarze Katzen Unglück bringen.

Auf die Rock-Alm fährt man nämlich eine endlos lange Strecke hinein in ein Sacktal und die letzten paar hundert Meter hinauf über steile, schmale Windungen auf grobem Boden. Dazu galt es, mehrere Gattertore zu öffnen und wieder zu schließen. Und das um diese Uhrzeit und bei diesem Wetter.

Ich war im Augenblick stark versucht, auf den Wochenenddienst zu verweisen, aber gleichzeitig war mir klar, dass das höchst unfair gewesen wäre. Der Kollege von außerhalb hätte eine zusätzlich weite Anfahrt gehabt und ich stellte mir vor, wie ich mich im umgekehrten Fall gefühlt hätte.

Daher seufzte ich nur: „Schön, ich komme!“, und legte auf.

Ich verabschiedete mich also von Karin und der Fußballsendung, die in Bälde beginnen würde und die ich gerne gesehen hätte, und fuhr los.

Mein Trübsinn passte zum Wetter. Aber beim ersten Gatter erwartete mich eine angenehme Überraschung! Der Lipp hatte mir seinen Sohn und dessen Freund, einen angehenden Automechaniker, entgegengeschickt, dass die beiden mir die Tore öffneten, damit es schneller ging und ich nicht jedes Mal ein- und aussteigen musste.

Hätte ich es doch getan!

Das zweite Tor befand sich genau dort, wo ein kleiner Bach durch ein dickes Eisenrohr unter dem Weg durchgeleitet wurde, und der Lipp junior, der im Scheinwerferlicht sowieso schon wie eine gebadete Maus aussah, hatte den Durchlass nur so weit aufgemacht, wie es ihm nötig erschien. Daher musste ich den Wagen weiter als beabsichtigt nach links lenken, was mir der weiche Wegrand nicht verzieh. Mit einem Rumpler sackte das linke Hinterrad in den Graben und landete auf dem Eisenrohr.

Verflucht noch eins! Ich machte mir keine Illusionen, da wieder rauszukommen, aber zu meiner Verblüffung und mit Hilfe der Differentialsperre arbeitete sich das brave Vehikel aus dem Schlamassel. Wer also ähnliche Extravaganzen vorhat, sollte sich unbedingt einen Toyota Landcruiser anschaffen.

Langsam rumpelte ich die letzten zwei Kehren bis zum Almstadel hinauf, wo ich vom Lipp schon erwartet wurde, der mich mit den Worten empfing: „Sie haben ja links hinten einen Patschen, Herr Doktor!"

Der scharfe Rand des Eisenrohres hatte mir den Reifen aufgeschlitzt, was ich bei dem langsamen Tempo und dem Sauweg natürlich nicht bemerkt hatte.

„Passt wieder einmal alles zusammen", kommentierte ich mit einem Anflug von Galgenhumor, „aber wir machen das so: Ich erledige das mit der ‚Puscht' und Ihre Jugend wechselt mir in der Zwischenzeit das Rad!"

Gesagt getan. Die Kuh, ihr Name lautete übrigens Berta, zeigte sich sehr kooperativ und ließ sich die Gebärmutter ohne allzu große Kraftanstrengung wieder hineinschieben. ‚Hoffentlich waren die Jungs auch so fix mit dem Radwechsel', dachte ich.

Doch den Menschen mit seinen Gedanken weist die Realität in die Schranken! (Finde ich origineller als das übliche: „Der Mensch denkt und Gott lenkt.")

Meine beiden Hoffnungsträger erklärten mir nämlich bedauernd, dass sie das Reserverad, welches in einem Gitterkorb unter dem Heck hing, nicht herausgebracht hätten, denn um den Korb herunterzulassen, müsste man an ein Gewinde im Kofferraum gelangen können, aber dieses sei durch den schweren hölzernen Medikamentenschrank mit seinen Schubladen überbaut.

Da hatte mir meine Werkstatt offensichtlich ein ordentliches Ei gelegt, aber welcher Fachmann kommt schon auf die Idee, dass das Reserverad fallweise seinen Namen verdient.

Wenn jemand in ein Multiplexkino geht, um einen Psychothriller zu sehen, und plötzlich eine Liebesschmonzette vor seinen Augen flimmert, hat er bestimmt das gleiche Gefühl wie ich in dem Moment! Nämlich im falschen Film zu sein.

Es war Samstag, fast sieben Uhr abends, wo bekommt man über das Wochenende ein neues Rad her? Der Pannendienst, den ich anrief, hatte jedenfalls keines.

Mir blieb also nichts anderes übrig, als den Kübel oben auf der Alm stehen und mich vom jungen Lipp heimkutschieren zu lassen.

Der Lipp senior, dem die Sache unangenehm war, begann in der Zwischenzeit einen Telefonmarathon unter Verwandten und Bekannten und wurde tatsächlich fündig.

Ein Schwager, wie er mir noch am gleichen Abend mitteilte, besaß einen ähnlichen Geländewagen und eine zusätzliche Radgarnitur.

Am Sonntag in aller Früh fuhren die beiden Herren auf die Rock-Alm, wechselten das Rad und um halb elf des Vormittages stand das Auto wieder vor meiner Garage.

Man kann sich meine Erleichterung vorstellen und ich bedankte mich überschwänglich.

„Kein Anlass", meinte der Lipp, „und bis Sie einen Reifenersatz bekommen, können Sie ruhig ein paar Tage mit dem jetzigen fahren, mein Schwager braucht ihn nicht dringend."

Der Montag brach heran und mit ihm unter anderem eine Visite auf der Stölz-Alm, was eine erneute Fahrt über mehrere Kilometer und haarsträubende Kurven entlang einer hundert Meter tiefen Schlucht bedeutete.

Doch bevor ich die Stölz-Alm noch in Angriff nehmen konnte, rief ein Metzger draußen im Salzachtal an, weil er so schnell wie möglich eine Lebendbeschau an einem Ochsen brauchte. Der arme Kerl hatte sich schwer am Hals verletzt, wodurch er nicht mehr schlucken konnte und eine Notschlachtung unumgänglich war.

Da ich das Tier nicht unnötig lang leiden lassen wollte, verschob ich die Stölz-Alm und raste mit Blaulicht durch den Tunnel hinaus Richtung Taxenbach.

Da plötzlich, ich hatte schon Dreiviertel der Strecke hinter mich gebracht, geriet der Wagen derart ins Schwimmen, dass ich ihn kaum mehr auf der Spur halten konnte. Es blieb mir keine Wahl, als die Geschwindigkeit radikal zu drosseln. Das Blaulicht schaltete ich ebenfalls ab, weil eine Fahrt damit bei Tempo zwanzig etwas seltsam anmuten würde.

Blut und Wasser schwitzend erreichte ich schließlich Taxenbach und die dortige Werkstatt.

Mit zitternden Knien stieg ich aus und suchte den Chef:

„Das Auto ist auf einmal nicht mehr zu lenken!“, stieß ich hervor.

„Das wundert mich überhaupt nicht!“, meinte der halbbelustigt. „Sie verlieren ja das linke Hinterrad!“

Jetzt sah ich es auch. Es stand schon ziemlich schräg und wurde nur mehr von einer einzigen Radschraube gehalten. Der hilfsbereite Schwager hatte nämlich bei der Montage ein wenig improvisiert, da die Radmuttern nicht genau in die Öffnungen an meiner Felge passten, sich aber gedacht, mit ein bisschen Kraft und Spucke würde es schon halten.

Beim Gedanken, dass sich das Rad auf dem Weg von der Stölz-Alm in die Schlucht und ich mich selbst gleich hinterher verabschiedet hätte, lief es mir kalt den Buckel runter.

Das alte Sprichwort „Schön muss man nicht sein, aber Glück muss man haben“ hat sich wieder einmal bestätigt.

Mit einem neuen, diesmal sachgerecht angebrachten Rad fuhr ich schleunigst zum Metzger, wo der Ochse stand. Der arme Teufel hatte sich über Nacht in der Kette selbst stranguliert, sein Hals war doppelt so dick wie normal, Speichel und blutiger Schaum troffen ihm aus Mund und Nase und er keuchte schwer. Da ihm aber sonst nichts fehlte und er auch kein Fieber hatte, gab ich die Erlaubnis zur sofortigen Schlachtung. Helfen konnte man dem Unglücksvogel sowieso nicht mehr.

Danach schaute ich, dass ich endlich auf die Stölz-Alm kam. Dort erzählte ich natürlich mein Missgeschick und setzte hinzu: „Fast hättet Ihr ein Zeitungsinserat schalten können, etwa in der Art: Neuer Tierarzt gesucht, der alte ist vom rechten Weg abgekommen!"

Die Geschichte machte selbstverständlich in der Bauernschaft die Runde, weil keine zwei Wochen später, ich rollte gerade im Schneckentempo ein Stück auf einer kaum befahrenen Nebenstraße, um mir rasch etwas auf einen Zettel zu notieren, mich ein Pick-up überholte, anhielt und der Zollner-Bauer, besorgt über meinen völlig ungewohnten Fahrstil, heraussprang: „Herr Doktor! Kann ich Ihnen helfen? Sind bei Ihnen wieder ein paar Schrauben locker?"

Ich hoffte inständig, dass sich seine Frage nur auf mein Räderwerk bezog.

Das letzte Tauerngold

Das waren noch Zeiten, als wir praktischen Tierärzte nach Erledigung unserer Abendvisiten noch rasch in die Tierkörperverwertung nach Werfen fuhren, um dort die Sektion eines frisch dahingeschiedenen Patienten vorzunehmen. Dort offenbarte sich manches, was bisweilen am erkrankten, aber noch lebenden Tier im Verborgenen geblieben und trotz intensiver therapeutischer Bemühungen nicht zu beheben war. Es konnte auch sein, dass das eine oder andere Mal dabei eine kleine Fehldiagnose oder ein winziger Kunstfehler zu Tage trat, was dann beim obduzierenden Kollegen schwere Schluckbeschwerden auslöste. Kolleginnen als Großtierpraktiker gab es nämlich damals kaum. Heute ist das Geschlechterverhältnis, zumindest in meiner Nachbarschaft, völlig auf den Kopf gestellt und auch meine künftige Nachfolge wird eine nette und tüchtige Tierärztin sein. So dachte ich damals jedenfalls!

Trotzdem waren die gewonnenen Erkenntnisse äußerst wertvoll für die Zukunft und ich liebte diese nicht sehr appetitliche Zusatzarbeit, da ich, ohne zu prahlen, meine Vermutungen fast immer bestätigt fand. Aber es beruhigte das Gewissen, nichts falsch gemacht zu haben, und es gab dem leidgeprüften Tierbesitzer die Bestätigung, dass in diesem Fall nichts zu machen gewesen wäre.

Ich erinnere mich an einen typischen Fall, bei dem Karin einen Anruf entgegennahm – es war bereits achtzehn Uhr und ich hatte Sonntagsdienst –, dass eine Kuh in einem Nachbargebiet nichts fressen würde, obwohl gestern, samstags, sie der Hoftierarzt noch behandelt hatte.

„Na, wenn sie nur nicht frisst, wird sie es bis morgen Früh noch aushalten. Dann soll der Bauer seinen Tierarzt rufen, der weiß ja, was er bis jetzt unternommen hat!“ Eine appetitlose Kuh ist ja nicht gerade ein Notfall und ich hatte noch einige Visiten auf der Liste.

„Sie steht aber auch nicht auf!"

Das mochte ich besonders, wenn der Vorbericht so zitzerlweise eintrudelte. Und eine festliegende Kuh war natürlich etwas anderes. Ich machte mich also auf den Weg zum Kreisl-Hof, der leicht zu finden war, da er sich direkt an der Bundesstraße befand.

„Was hat denn der Kollege unternommen?", war meine erste Frage beim Aussteigen.

„Eine Infusion hat er gegeben und zwei Spritzen und ein Verdauungspulver dagelassen!"

Hm! Klang ganz vernünftig!

Die Kuh hatte sich davon aber nicht beeindrucken lassen, sie lag apathisch auf ihrem Platz, während sich hinter ihr eine große Pfütze von wässrigem, faulig stinkendem Kot ausbreitete. Die Augen waren bereits eingesunken und die Nase wie der gesamte Tierkörper kalt. Ich brauchte nicht einmal das Thermometer auszupacken, weil ich auch so wusste, dass es Untertemperatur anzeigen würde.

„Klassische Bauchfellentzündung!"

Die klare Feststellung verblüffte den Bauern: „Und? Was werden Sie machen?"

„Gar nichts! Sie stirbt in wenigen Tagen sowieso. Bei einer Rinderperitonitis ist Hopfen und Malz verloren! Am besten, Sie sorgen dafür, dass sie noch heute erlöst wird!"

„Sind Sie da sicher?"

Ha! In so vielen Tierarztjahren hatte ich schon Dutzende solcher Fälle erlebt und wusste, dass die Sache aussichtslos war.

„Hundertprozentig! Morgen lassen Sie den Kadaver von der TKV abholen und ich fahre am Abend dorthin und werde Ihnen beweisen, dass das die richtige Entscheidung war! Das Tier hat es nicht länger verdient zu leiden!"

Ich konnte es dem Kreisl-Bauern nicht einmal verübeln, dass er wahrscheinlich dachte: ‚Na Servus, ein komischer Tierarzt, der sich nicht einmal bemühte, sondern gleich den Pompefüneberer spielte.' Aber da er sah, dass es der Kuh wirklich dreckig ging, blieb ihm nichts anderes übrig, als meinen Ratschlag zu befolgen.

Die Sektion am nächsten Tag brachte zu meiner Genugtuung das erwartete Ergebnis: hochgradige Fibrinablagerungen und ausgedehnte Verklebungen des Darmes an der stark geröteten Bauchwand. Ich fotografierte das Ganze, zu diesem Zweck hatte ich damals immer eine Polaroidkamera im Auto, diesbezügliche Handys gab es ja in den Neunzigerjahren noch nicht, und überbrachte dem Kreisl-Bauern, weil ich auf der Rückfahrt sowieso an seinem Anwesen vorbeikam, das Ergebnis.

Sein respektvoller Blick entschädigte mich für die Überstunden!

Heutzutage ist der Zugang zur TKV dem normalen Tierarzt aus seuchenhygienischen Gründen verwehrt, dazu sind jetzt zwei Amtstierärzte bestellt, wobei es mir fernliegt, Gott bewahre, anzudeuten, dass Amtstierärzte nicht normal sind. Aber seither muss man einen Sektionsantrag ausfüllen. Und mit Anschrift des Bauern, Ohrmarkennummer des Tieres, wann verendet, Dauer der Erkrankung, Bestandsproblem, vermutete Diagnose und Therapie ja oder nein an die TKV abschicken.

Nach einigen Tagen erhält man dann einen vorläufigen Befundbericht und erst nach Wochen das endgültige Ergebnis, sollte es notwendig gewesen sein, Organproben bezüglich Bakterien, Viren bzw. Parasiten an eine Untersuchungsanstalt einzuschicken.

Das letzte Mal, dass ich selbst so eine Obduktion durchgeführt hatte, betraf die Kuh Emma, eine alte, liebenswerte Patientin von mir, die mich immer zutraulich mit rauen Zungenküssen empfangen hatte. Es lag eine massive Verdauungsstörung mit Darmverschluss vor, weder konnte ich mir erklären, was dafür die Ursache sein konnte, noch schlugen meine verzweifelten Therapieversuche an.

Es blieb mir also nichts anderes übrig, als Emma zur Todeskandidatin zu erklären – ja, der tierärztliche Beruf hat nicht selten wenig mit romantischen Vorstellungen zu tun, sondern oft mit knallharter, trauriger Realität – und sie letztendlich der TKV zu überantworten.

Allerdings wollte ich der Sache natürlich auf den Grund gehen.

Gegen dreiviertel acht zog ich die Gummischürze an und betrat den gekachelten Sektionsraum, der immer von einem süßlichen Verwesungsgeruch erfüllt war.

Emma hing an den Hinterbeinen befestigt kopfüber vor mir.

Ja, altes Mädchen, murmelte ich, das ist unser letztes Rendezvous!

Als ich die Bauchdecke durchschnitt, klatschte der übervolle Pansen auf den Boden und zerplatzte. Ein Berg von halbverdautem Futter ergoss sich über den Boden.

Ungeachtet dessen arbeitete ich mich mit dem Messer weiter vor und fand endlich die Wurzel allen Übels. Die Plastikumhüllung einer abgefeuerten Silvesterrakete hatte den Übergang zwischen Labmagen und Dünndarm verstopft.

In mir stieg blanke Wut auf! Nur wegen dieser idiotischen Neujahrsknallerei musste die Emma sterben.

Das Ding war auf der Wiese im Schnee gelandet, und obwohl die Bauern danach als kleine Zusatzaufgabe ihre Felder nach solchem Mist absuchen mussten, blieb manches trotzdem unentdeckt, geriet ins Futter, und da die Emma sowieso der Staubsauger am Hof gewesen war, hatte sie das Ding geschluckt wie unsereins eine Praline.

Allerdings eine vergiftete.

Ich rollte den Hochdruckwasserschlauch von der Wand und begann den Boden zu säubern, als ich im graugrünen Futterbrei etwas glänzen sah. Ein Nagel? Die Emma war wirklich wie eine Schatztruhe für Arme.

Von arm konnte jedoch keine Rede sein! Das Ding entpuppte sich, sobald ich daran zog, als veritables Gliederarmband aus massivem Gold! Ich bin zwar kein Schmuckexperte, aber dass das Schmuckstück allerhand wert war, erkannte auch mein Laienauge.

Wem konnte das gehören? Der Ecklbäuerin? Ich bezweifelte stark, dass der Ecklbauer solche Geschenke zu Weihnachten machte. Und wie lange hatte Emma den Klunker bereits mit sich herumgeschleppt?

Trotzdem rief ich die Ecklbäuerin an und frug, ob sie vielleicht ein Goldarmband vermisste.

Sie erhielt von mir den ersten Preis für Ehrlichkeit, weil sie verwundert verneinte.

Also zur Polizei, dem Mädchen für alles.

Der Inspektor dort erklärte mir freundlich, dass sie dort zwar gerne Strafzettel sammeln, aber keine Preziosen. Das Fundamt wäre der richtige Ort!

„Und wo ist das nächstgelegene?"

„In Salzburg! Im Schloss Mirabell!"

Na bravo! Ehrlich währt wirklich am längsten, vor allem, was das Autofahren betrifft.

„Sie sind wahrscheinlich der Letzte, der in der Tauernregion noch Gold von erheblichem Wert gefunden hat, Herr Doktor!", wurde mir noch tröstend nachgerufen.

Am nächsten Tag war glücklicherweise nicht so viel los, also stornierte ich das Mittagessen im heimischen Restaurant Karin und gondelte Richtung Schloss Mirabell. Gondeln war der treffende Ausdruck, den der stockende Verkehr samt den vielen Baustellen riefen Erinnerungen an die Postkutschenzeit wach.

Auf der Alpenstraße schaltete die Ampel gerade auf Grün, aber da gab es ein kleines Hindernis. Vor mir flatterte etwas hilflos über den Asphalt.

Ich latschte auf die Bremse, was meinem Hintermann leider nicht mehr rechtzeitig gelang.

Ein leichter Bumms am Wagenheck zeigte das. Ich stieg aus, er hingegen hüpfte aus seinem BMW-Cabriolet wie das

Rumpelstilzchen: „Warum bremsen Sie, wenn es grün wird?“, schrie er. „Haben Sie einen Vogel?“

„Ja, diesen da!“ Ich deutete auf die desorientierte Amsel auf der Straße.

„Na und? Über so was fährt man drüber!“

Eigentlich hätte er für diese Meldung eine Ohrfeige verdient gehabt.

Meine Sorge galt aber dem Tier. Ungeachtet des Hupkonzertes und dem Wüten meines Unfallgegners hob ich es auf und setzte es auf den Beifahrersitz. Soweit ich feststellen konnte, war nichts verletzt, wahrscheinlich war es gegen irgendetwas geflogen und leicht benommen.

Ich wickelte den Vogel in meinen Arbeitsmantel, damit er mir nicht, sobald er sich erholt haben würde, durch das Wageninnere flatterte.

„Was ist“, schrie inzwischen der BMW-Bruchpilot. „Wollen Sie hier Wurzeln schlagen?“

„Nur so lange, bis die Polizei da ist!“, erwiderte ich kalt.

„Polizei? Die brauchen wir nicht! Da haben Sie meine Karte und die Versicherungsnummer!“ Sein Erschrecken war vielleicht auch darin begründet, dass ich eine winzige Alkoholfahne an ihm gewittert hatte. Er setzte sich in sein Cabriolet und legte den Rückwärtsgang ein. Klassische Fahrerflucht. Allerdings keine lange. Beim Zurücksetzen krachte er mit Wucht in die Front eines hinter ihm stehenden Porsches, der am nervigsten gehupt hatte.

„Schönen Tag noch, meine Herrschaften, und gute Unterhaltung“, konnte ich ein boshaftes Grinsen nicht unterdrücken.

Nachdem ich das Auto in der Tiefgarage geparkt hatte, sah ich nochmals nach meiner Patientin. Sie schien soweit wieder hergestellt zu sein.

Ich setzte sie im Mirabellgarten auf den Kopf eines der steinernen Zwerge, von wo sie mich kurz anblinzelte und dann im tadellosen Flug in die blauen Lüfte entschwand.

Auf dem Fundamt hatte ich das Glück, dass heute nicht viele findige Leutchen unterwegs waren und ich gleich drankam.

Auch die Erledigungen der nötigen Formalitäten gestaltete sich unkompliziert, nur als ich die Frage, wo ich das Armband aufgelesen hätte, mit „Kuhmagen“ beantwortete, glaubte die nette Dame, ich wollte sie pflanzen.

Ich musste ihr erklären, dass mein Beruf manchmal Tätigkeiten erforderte, die im gewöhnlichen Alltag nicht allzu häufig vertreten waren.

Danach konnte ich mit der Bestätigung und einem reinen Gewissen heimfahren.

Bis ich nach einem Jahr die Benachrichtigung erhielt, dass niemand das Armband urgiert hatte und ich somit der neue stolze Besitzer sei.

Das passte mir gut, jetzt brauchte ich mir nicht mehr den Kopf zu zerbrechen, was ich Karin zum Geburtstag schenken könnte.

„Bist Du wahnsinnig! Das muss ja ein Vermögen gekostet haben!“, brach es aus ihr heraus, als sie die Schachtel geöffnet hatte.

„Och, war nicht so schlimm!“ Das stimmte, denn meine Stoßstange hatte die gegnerische Versicherung ebenfalls anstandslos bezahlt.

Ich registrierte mit Befriedigung, dass Karin das Armband gern und oft trug.

Nur, woher ich es hatte, gestand ich ihr nicht.

Auch in einer guten Ehe muss man nicht alles wissen!

Work-Life-Balance

Es herrscht bereits derzeit allerorten akuter Tierärztemangel, hauptsächlich an Groß- und Nutztierpraktikern, darüber sind sich alle einig. Ein Mangel, der sich aufgrund der bestehenden Altersstruktur noch verschärfen wird. Kein Wunder! Ist doch das Veterinärstudium zu einer fast reinen Frauensache mutiert. Über neunzig Prozent der Hörer in Wien zählen seit Jahren zum weiblichen Geschlecht. Wie es sich mit der restlichen Geschlechterverteilung verhält, kann ich nicht beurteilen. Früher hätte man gesagt, natürlich maskulin. Aber seit der Anerkennung von sage und schreibe neuen zweiundsiebzig Geschlechtervarianten ist die Sache etwas schwammig geworden. Jedenfalls hat der verbliebene männliche Anteil wenig Lust, sich in die Landpraxis zu begeben. Das bedeutet nämlich, von Montag früh bis Samstagnachmittag Tag und Nacht einsatzbereit zu sein und zusätzlich mehrere Wochen- sowie Feiertagsdienste pro Quartal zu schieben. Die Freizeit stellt dadurch die kürzeste Zeitspanne in einem Tierärzteleben dar.

Deshalb erscheinen in unserer altehrwürdigen Tierärztezeitung, heute selbstverständlich dem Trend zum Englischen folgend in Vet-Journal umbenannt, häufig Inserate, meist natürlich auch von psychologisch geschulten Damen, welche gegen Bezahlung Beratungsseminare für Work-Life-Balance anbieten. Früher hätte man es schlicht als Lebensqualität bezeichnet. Wenn es mir nicht zu blöd wäre und es mein Arbeitspensum erlauben würde, hätte ich gern einmal eine derartige Veranstaltung besucht und die Vortragende gefragt, warum sie ihre Erkenntnisse nicht besser den Tieren näherbringen möchte. Denn eine Kuh in Geburt oder ein Pferd mit Kolik hat offenbar vom Zauberbegriff Work-Life-Balance noch nie etwas gehört.

Daran musste ich denken, als ich nach einem langen Arbeitstag mit einer wahren Visitenflut endlich am Abend den heimatlichen Herd, besser gesagt die Hausbar, erreichte. Ich schenkte mir gerade einen ordentlichen Whisky ein und stopfte mir ein Pfeifchen, als sich das Telefon meldete. Resignierend sah ich auf die Uhr, halb neun, und hob ab. Es war Frau Eberl vom Steinbichlerhof, die mir aufgeregt mitteilte, dass eines ihrer Ponys eine Kolik hätte.

Das bedeutete nichts anderes, als erneut in das Visitengewand zu springen und Whisky und Pfeife ade zu sagen.

„Musst Du wieder fort? Die gebratene Leber ist in zehn Minuten fertig!“ Karin schätzte es gar nicht, dass ihre Kochkünste, wie es in vielen Fällen der Fall war, erst an zweiter Stelle rangierten. „Wenn ich sie warmhalte, wird sie zäh wie Leder!“

„Prima, das passt doch perfekt zu meinem Beruf: hart wie Kruppstahl, flink wie Windhund, zäh wie Leder!“, lautete meine sarkastische und historisch belastete Antwort.

Der Steinbichlerhof lag mitten auf einem Berghang und war seit Jahren unbewohnt, weil ein nackter Felssturz einige hundert Meter darüber drohte. Zwar hatte man in der Vergangenheit einiges an Gestein weggesprengt und Schutznetze errichtet, aber die Gefahr war dadurch nicht gänzlich ausgeräumt, weshalb die Bauernfamilie ins Tal übersiedeln musste.

Oben verblieben lediglich das leere Haus sowie ein Schafstall und der halboffene Unterstand für die zwei Ponys.

Weil wieder einmal eine herbstliche Regenperiode während der letzten Tage eingesetzt hatte und dazu noch völlige Mondfinsternis herrschte, war die Fahrt über den steilen Güterweg hinauf mit höchster Vorsicht zu genießen. Vorm Schafstall war das Weiterkommen zu Ende, die letzten hundert Meter musste ich zu Fuß zurücklegen, weil sich das leicht abfallende Gässchen zwischen Stall und leerstehendem Bauernhaus als zu schmal für meinen Wagen entpuppte. Der Pferdeunterstand war schwach erleuchtet, sodass ich davor die Silhouette einer Person und die eines gedrungenen Tierkörpers erkennen konnte. Wieder einmal die alte Unsitte, Pferde bei Koliken in Gewaltmärschen herumzuführen, was für ohnehin kreislaufbelastete Patienten zu einer zusätzlichen Schwächung führen kann.

Auf den Weg hinunter kam mir plötzlich ein grün leuchtendes Halsband aus der Dunkelheit entgegen und ein grollendes Knurren ertönte. Wäre ich Sherlock Holmes gewesen, hätte ich sofort an den Hund von Baskerville gedacht, aber bei näherer Betrachtung entpuppte sich das unfreundliche Vieh als Jagdhund auf eher kurzen Beinen.

„Harras, gib Ruhe und komm her!", hörte ich eine weibliche Stimme, an der ich Frau Eberl erkannte. Harras dachte zwar nicht daran, dem Befehl Folge zu leisten, weil ich mich jedoch vor drohenden Hunden nicht fürchtete – Angst zu zeigen, wäre ohnehin die falsche Reaktion, man frage einen Briefträger –, zog er in diesem Fall zu seinem Ärger den Kürzeren.

Frau Eberl hielt ein kohlrabenschwarzes Pony, das mehr breit als hoch war, am kurzen Zügel.

Beide waren klatschnass, sicher hatte sie das Pferdchen, wie es bei Koliken unsinnigerweise noch immer weitverbreiteter Brauch war, im Kreis herumgeführt.

„Entschuldigung, dass ich Sie noch extra heraufbemühen muss, Herr Doktor, aber die Dolly hat so fürchterliche Bauchschmerzen."

„Na ja, ist nur schlecht für meine Leber!"

Es war Frau Eberl deutlich anzumerken, dass sie mit dieser Kurzmitteilung wenig anfangen konnte und angestrengt überlegte, was die Kolik von Dolly mit meiner Leber zu tun haben könnte.

„Mein Abendessen!" Irgendwie beschlich mich, ihrem Blick nach zu schließen, das Gefühl, eine Erklärung schuldig zu sein.

„Ach so!" Das klang jetzt erleichtert. Es ist ja auch nicht gerade ermutigend, zum Notfall seines Vierbeiners einen Tierarzt zu rufen, der dann wirres Zeug faselt.

Name ______

Straße ______

PLZ ______ Ort ______

Telefon ______

E-Mail ______

☐ (Pflichtfeld) Ich bestätige, dass ich das 16. Lebensjahr vollendet habe und erteile meine ausdrückliche Zustimmung, dass die von mir oben angegeben Daten durch die Leopold Stocker Verlag GmbH zum Zweck der Vertragserfüllung und Leistungserbringung verarbeitet und an Auftragsverarbeiter weitergegeben werden, UND dass

☐ die angegeben Daten durch die Leopold Stocker Verlag GmbH zum Zweck des Newsletterversands verarbeitet, an Auftragsverarbeiter weitergegeben werden und ich werbliche Informationen und Angebote via Post, E-Mail, Telefon erhalte.

Ich kann meine Zustimmung jederzeit widerrufen. Dafür wende ich mich an die Leopold Stocker Verlag GmbH (Hofgasse 5, A-8010 Graz; Tel: 0043316/821636; E-Mail: datenschutz@stocker-verlag.com). Alle Infos: www.stocker-verlag.com/datenschutz.

Datum ______ Unterschrift ______

Bitte frankieren!

ANTWORTSENDUNG

V. F. SAMMLER
Postfach 438
Hofgasse 5
8011 Graz

Liebe Leserin, lieber Leser,

herzlichen Dank für Ihr Interesse an unseren Büchern! Der V. F. Sammler Verlag ist Bestandteil des Leopold Stocker Verlags, eines unabhängigen Familienunternehmens, deshalb ist uns der Kontakt mit unseren Kunden besonders wichtig. Wir senden Ihnen in Zukunft gerne Informationen über unsere Neuerscheinungen zu und bitten Sie, uns Ihre Fragen, Wünsche und Anregungen mitzuteilen!

Mit herzlichen Grüßen

Mag. Wolfgang Dvorak-Stöcker

Diese Karte entnahm ich dem Buch: ____________________

Fragen/Anregungen/Kommentare und Kritik zu diesem Buch oder unserem Programm:

____

____

____

V. F. SAMMLER in der Leopold Stocker Verlag GmbH, Hofgasse 5, 8010 Graz, Österreich,
Tel.: +43/316/82 16 36, Fax: +43/316/83 56 12, E-Mail: stocker-verlag@stocker-verlag.com

„Können wir vielleicht da hineingehen, wo es trockener ist?", kürzte ich ab und deutete auf den Unterstand?

Dort begann ich die Untersuchung von Dolly! Die Deckenfunzel war, wie erwähnt, ziemlich auf Sparflamme, deshalb zückte ich die kleine Taschenlampe, die ich immer bei mir hatte und leuchtete damit in die Augen des Ponys. Ich weiß, heutzutage macht man so etwas mit dem Smartphone, aber ich hielt in alter Treue an meinem alten Tastenhandy fest, welches aufgrund seines betagten Zustandes schon mehrmals mit Klebebändern umwickelt und daher zu Beleuchtungszwecken nicht mehr brauchbar war.

Die Farbe der Lidbindehäute zeigte keine Auffälligkeiten und schimmerten blassrosa, wie es sich gehörte. Also kein Hinweis auf Intoxikation.

Rektal war Dolly für mich unzugänglich, weil der Afterdurchmesser sogar für eine schmale Hand wie meine zu klein war, ich konnte lediglich zwei Finger auf einmal hineinschieben.

„Hat sie Kot abgesetzt?"

„Seit ich da bin, nicht!", lautete die Antwort von Frau Eberl.

„Was hat sie denn zu fressen bekommen?"

„Nur Heu und Pferdemüsli!"

„Ponys brauchen kein Müsli", brummte ich, „dort, von wo sie herstammen, reicht schon ein alter Strohsack!"

Ich steckte mir das Stethoskop in die Ohren und kniete im Stroh nieder – Dolly gehörte, wie gesagt, eher zu den Zwergponys –, um die Darmgeräusche zu kontrollieren. Leider war das nicht möglich, weil Harras bereits wieder hinter mir stand und erneut knurrte.

Normalerweise lieben mich Hunde. Wenn ich auf einem Hof einfahre, muss ich zuerst den Wauwau begrüßen und dann erst den Bauern. Aber dieser Köter war vollständig unerzogen und hatte offenbar einen kleinen Dachschaden.

„Husch, schleich Dich!", fauchte ich ihn an. Und zu Frau Eberl gewandt: „Können Sie ihn nicht hinausstampern? Das Geknurre und das Leuchthalsband machen Dolly in ihrem Zustand nur noch nervöser!“

„Harras! Marsch!“ Harras dachte zwar nicht im Traum daran, den Befehl seines Frauchens zu befolgen, aber wenigstens stellte er das Knurren ein, sodass ich den Pony-Bauch abhören konnte. Da drinnen herrschte absolute Friedhofsruhe. Also klassischer katarrhalischer Darmkrampf. Kommt bei Wetterumschwüngen öfter vor. Kaum stand ich auf, begann Harras wieder zu knurren.

„Leider haben wir keine Tür, damit ich ihn aussperren kann!“, bedauerte Frau Eberl.

„Das sehe ich“, antwortete ich trocken, im Moment, das einzig Trockene, das ich zu bieten hatte, „aber ich muss sowieso hinaus zum Auto!“

Während ich durch den Nieselregen zum Wagen stapfte, blieb mir Harras grollend auf den Fersen, so, als habe er mich in Verdacht, kriminelle Absichten zu hegen.

Mit Medikament und Spritze kehrte ich zurück und ließ mich erneut neben Dolly nieder. Harras nahm ebenfalls seinen gewohnten Platz dicht hinter meinem Nacken ein und grummelte vor sich hin.

Das musste ich aber ignorieren, weil es jetzt galt, die Jugularvene aufzusuchen. Normalerweise komprimiert man mit dem Daumen die verdächtige Stelle, worauf sich das Gefäß aufzustauen beginnt und hervortritt. Beim Speckhals von Dolly hätte man aber eher einen Wünschelrutengeher benötigt als einen Tierarzt.

Mit dem Rest meiner anatomischen Kenntnisse und einem in jahrelanger Tätigkeit geübten Abschätzungsvermögen stach ich die Nadel auf gut Glück durch die Schwarte und Volltreffer.

Ein dunkler Blutstrahl ergoss sich warm über meine Hand. Gerade wollte ich die Spritze mit dem krampflösenden Mittel ansetzen, da jaulte Harras plötzlich durchdringend auf, sodass ich erschrocken die Spritze fallen ließ, und begann jämmerlich zu winseln.

„Bist Du deppert?“, brüllte ich ihn an.

„Entschuldigung, das war mein Fehler", stammelte Frau Eberl, „ich bin unabsichtlich am Knopf angekommen!"

Erst jetzt bemerkte ich das komische Ding, das ihr vor der Brust baumelte, und mir wurde die Sache schlagartig klar: Das Blink-Leuchthalsband, welches Harras trug, war mit einem Elektroschocker ausgestattet, der auf Knopfdruck aktiviert wurde.

Mein linkes Trommelfell würde bestimmt für die nächsten vierundzwanzig Stunden unbrauchbar sein, aber was schlimmer war, war, dass sich Dolly ebenso erschrocken aufgebäumt, Frau Eberl das Halfter aus der Hand gerissen hatte und hinaus ins Freie gestürmt war. Positiv war, wie ich sehen konnte, dass die Nadel noch in der Vene steckte, negativ hingegen, dass das Blut noch immer strömte. Sonst verstopfen diese Dinger oft sehr schnell.

Ein kleiner Aderlass stellte für ein fettes Pony wie Dolly zwar keine unbedingte Katastrophe dar, aber schließlich musste ich ihr ja noch die Spritze verpassen.

Ich also nichts wie hinterher in den nächtlichen Obstgarten.

Das Problem lag nur darin, dass es zwar heißt, in der Nacht sind alle Katzen grau, aber schwarze Ponys bleiben im Stockfinsteren leider weiterhin schwarz und unsichtbar.

Ich ließ den Strahl der Taschenlampe über das Gelände wandern und da leuchteten in einigen Metern Abstand zwei Augen auf. Mit einem Hechtsprung stürzte ich mich auf Dolly und bekam tatsächlich das Halfter zu fassen. Vielleicht bewerbe ich mich doch noch einmal beim American Football.

Dolly jedoch besaß kein Verständnis für meine sportliche Höchstleistung, sie galoppierte los, und da ich aus meiner liegenden Position nicht lockerließ, schleifte sie mich mit sich.

Ich glaube, es bereits erwähnt zu haben, dass es hartnäckig regnete, weshalb der Boden aufgeweicht war und mir im Zuge des unfreiwilligen Transportes das Gewand verrutschte und der Schlamm in meine Überhose inklusive der darunter befindlichen Short gebaggert wurde.

Schließlich gelang es mir endlich, wieder auf die Beine zu kommen und mit Dolly unter den entsetzten Blicken der Besitzerin in den Unterstand zurückzukehren.

Der sagenhafte, aus Lehm geformte Golem im alten Prag hatte vermutlich nicht anders ausgesehen, nur trockener.

Da Harras noch immer außer Gefecht war, konnte ich nun endlich meine Arbeit beenden.

Dann wandte ich mich an Frau Eberl: „Sie wissen schon, dass Elektroschocker für Tiere verboten sind, ja?"

„Ich weiß", antwortete sie kleinlaut, „aber Harras will einfach nicht folgen und dauernd durch die Gegend streunen. Da habe ich mir gedacht, ein kleiner elektrischer Schlag ist harmloser, als wenn ihn ein Jäger erschießen würde!"

„So geht das aber nicht!" Ich zog Harras resolut das Halsband vom Kopf. „Das ist somit konfisziert! Gehen Sie mit ihm besser in eine Hundeschule, vielleicht lernt er es noch, zu parieren!"

Ziemlich kurz angebunden verabschiedete ich mich und marschierte zum Auto, das Halsband in der Hand. Auf halbem Weg durchfuhr mich ein elektrischer Schlag, der mich durchrüttelte.

„Entschuldigung", ließ sich die Stimme von Frau Eberl aus der Dunkelheit vernehmen, „ich bin nochmals an dem Knopf angekommen!"

Vielleicht hat sich die gute Dame aber auch gedacht, Rache ist Blutwurst!

Ich kehrte wortlos um und nahm ihr auch das Auslösegerät ab: „Das ist hiermit ebenfalls konfisziert! Seien Sie froh, dass ich keine Meldung an die Amtstierärztin mache!"

Als ich mich endlich mit meiner schlammgefüllten Beinkleidung ins Auto setzte, wusste ich, was es für ein Gefühl sein musste, wenn man sich in die Hose gemacht hatte. Nur wäre das in diesem Fall wärmer gewesen.

So konnte ich unmöglich unser Haus betreten! Also riss ich mir in der Garage das dreckige Gewand vom Leib, warf es zusammengeknüllt auf den Boden und spülte mir mit dem Schlauch, den ich sonst zum Reinigen der Gummistiefel benützte, die ärgste Schicht vom Körper. Leider gab es nur kaltes Wasser, wovon ich eigentlich schon genug genossen hatte. Mit dem Handy rief ich Karin an und bat sie, mir ein Handtuch und neue Kleidung in die Garage zu reichen. Während ich im Adamskostüm vor mich hin bibberte, dachte ich, wie lange, zum Teufel, es braucht, in einem geordneten Haushalt eine frische Hose zu finden. Aber es ist ja bekannt, dass, wenn man auf etwas wartet, es einem doppelt so lange vorkommt.

Endlich ging die Tür vom Vorraum auf und Karin erschien zur Einkleidung. Fassungslos starrte sie mich an: „Was machst Du denn da?“

„Ich friere!“, antwortete ich wahrheitsgemäß.

Halbwegs wieder gesellschaftsfähig, traf ich im Wohnzimmer auf zwei alte Bekannte: den nicht angerührten Whisky und die Pfeife.

Aber irgendwie fehlte mir nach der überstandenen Visite die richtige Entspannung, um beide zu genießen. Daher kippte ich nur ersteren und trollte mich nach einer heißen und ausgiebigen Dusche ins Bett.

Bedauerlicherweise nur bis kurz nach Mitternacht. Da klingelte nämlich das Telefon und verkündete mir, dass der Lerchbauer eine Kuh in Geburtsschwierigkeiten hatte. Schlaftrunken taumelte ich in die Garage und stolperte erst einmal über den verkrusteten Gewandhaufen von vorhin. Gerade, dass ich den Schritt noch ausbalancieren konnte!

Work-Life-Balance eben!

Professor Antonioli

Als ich heute Abend die druckfrische Tierärztezeitung durchblätterte und zur Seite mit den Todesnachrichten kam, stach mir sofort das Bild eines ehemaligen Studienkameraden ins Auge.

Gewiss, in meinem Alter nähert man sich mit Riesenschritten jenen Zeiten, in denen man mehr Freunde verliert als gewinnt, trotzdem schockte mich die Anzeige doch fürs Erste.

Immerhin war der Kerl genauso alt wie ich gewesen und ich fühle mich noch pudelwohl.

Er hieß Eugen Antonioli und entstammte einem ehemaligen Südtiroler Adelsgeschlecht.

Da seine Eltern bereits frühzeitig verstorben waren, wuchs er in der weitläufigen Wohnung seines Onkels im ersten Bezirk, einem im wahrsten Sinne des Wortes gut betuchten Teppichhändler, auf.

Auch seine Großmutter, eine gebürtige Gräfin von Meran, lebte dort in einem eigenen kleinen Appartement.

Eugen war schon in jungen Jahren ein äußerst liebenswerter Mensch gewesen, wenngleich er einem unbefangenen Betrachter im ersten Moment nicht gerade den hellsten Eindruck vermittelte.

Dies hatte mir ein guter Bekannter erzählt, als ich ihm von meinen Erlebnissen mit Eugen auf der Universität berichtete.

Der kleine Eugen hatte in der Schule so einige Probleme, weshalb ihm die Großmama, wie es in ihren Kreisen früher üblich gewesen war, einen Hauslehrer, eben diesen Bekannten, engagierte. Ordinäre Nachhilfestunden, wie ich sie zwei Jahre in Anspruch nehmen musste, kamen für einen Antonioli selbstverständlich nicht in Frage.

Mein Bekannter, von Beruf eigentlich Antiquitätenhändler, war ein universalgelehrter Mann und unterrichtete den nunmehr bürgerlichen Adelsspross in nahezu allen Gegenständen bis auf Mathematik und Chemie. Hier hätte er selbst Nachhilfe gebraucht.

Es war damals zur Zeit eines Ganoven, der in Wien sein Unwesen trieb und dem die Kronenzeitung den klangvollen Titel „Mittagseinbrecher“ verlieh, da er zu diesen Stunden gerne herrschaftliche Wohnungen ausräumte. Was fängt man denn sonst in der Mittagspause an?

Eugen saß gerade im Esszimmer und schrieb verbissen an einem längeren Aufsatz über das Wesen des österreichischen Bundesheeres, was meiner Meinung nach auch mit einem gereimten Vierzeiler erschöpfend abzuhandeln wäre. Von unbändigem Wehrwillen getragen, forderte der martialische Knabe sogar U-Boote für den Neusiedlersee. Den etwas sarkastischen Hinweis seines Hauslehrers, dass diese dann so flach wie Palatschinken sein müssten, quittierte er mit höchstem Erstaunen.

Gut, Geographie stand erst das nächste Mal auf dem Stundenplan.

Während er die Bemühungen seines Schülers überwachte, fielen meinem Bekannten zu seinem Erstaunen ein Paar glänzender Handschellen auf, die daneben auf dem Tisch lagen.

Punkt zwölf Uhr – die goldene Kaminuhr aus dem achtzehnten Jahrhundert verkündete es mit dezentem Glockenschlag – hörte man, wie sich die Wohnungstür öffnete.

Eugen vergaß sämtliche U-Boote, schnappte sich die Handschellen und stürmte mit dem Ruf „Der Mittagseinbrecher!“ durch die Zimmerflure. Plötzlich ertönte von dort ein Geschrei, jemand rief „Das ist ja ein Affenhaus, das betrete ich nie wieder!“, und retour kam ein sich heftig duckender Eugen, dicht gefolgt vom Onkel, der ihm links und rechts saftige Ohrfeigen verabreichte, nicht ohne zu wüten: „Du Volltrottel, Du Kretin! Entschuldigen Sie, Herr Doktor“, setzte er meinem Bekannten kurz zugewandt hinzu, „Du Armleuchter!“

Was war geschehen? Der Onkel hatte seine Wohnung in der Gefolgschaft eines potenten Kunden betreten, um diesem einen kostbaren Gobelin aus dem späten Mittelalter zu offerieren, als Eugen den Gast mit seinen Handschellen an die schmiedeeiserne Garderobenwand kettete, in der Meinung, dem perfiden Verbrechertum eine gehörige Niederlage bereitet zu haben.

Auf der Uni agierte er bisweilen ebenso unglücklich. Wir beide hatten eine Reihe von gynäkologischen Übungen versäumt, er aufgrund oftmaliger Krankheit, ich wegen studentenpolitischer Seminare. Also hieß es, wir müssten eine Abschlussprüfung über den Stoff absolvieren, wollten wir nicht das Semester verlieren.

Zum festgesetzten Termin erschienen wir also pünktlich im Behandlungsraum für Großtiere der Gynäkologischen Klinik, wo bereits eine Kuh, ein Stier und ein Assistent auf uns warteten. Allen dreien war deutlich anzumerken, wie wenig Freude sie mit uns Nachzüglern hatten.

„Einer macht den gynäkologischen Untersuchungsgang, einer den andrologischen am Stier!", befahl der Assistent.

Wer anfing, wurde durch das Los entschieden, denn der Assistent sagte zu mir: „Los!"

Ich entschied mich spontan für die Kuh, da ich schon immer dem weiblichen Geschlecht zugetan war, außerdem konnte ich mir vorstellen, dass es ein Stier nicht besonders schätzte, wenn man an seinen Genitalien herumfummelte.

Wenn man in der Praxis eine Kuh derart zu untersuchen beginnt, wie ich es jetzt zelebrieren musste, würde sich jeder Bauer im Geheimen sagen: „Den kannst du nicht mehr holen!"

Aus einem Meter Entfernung beschrieb ich zuerst, ganz nach Art des Lehrbuches, ausführlich die äußere Form der Vulva und spreizte anschließend die Labien, um die Farbe und den Feuchtigkeitsgrad der Vaginalschleimhaut zu schildern. Zuletzt führte ich ein Spekulum ein und schilderte die Beschaffenheit und den Öffnungsgrad des Muttermundes.

„In Ordnung!", sagte der Assistent und notierte etwas. „Jetzt Sie!", wandte er sich an Eugen.

Der hatte meinen Ausführungen gebannt gelauscht und offenbar noch unter dem überwältigenden Eindruck derselben trat er an den Stier heran, zog diesem unvermittelt den After auseinander und begann, ebenfalls etwas von Labien und Vorhof zu faseln.

Anstatt auszuschlagen, drehte der Stier lediglich den Kopf nach hinten und sein fassungsloser Blick war haargenau der gleiche wie der des Assistenten. Ich glaube sogar, Letzterem wäre eher nach Zutreten zu Mute gewesen.

Er notierte auch etwas, aber augenscheinlich nichts, was zu Gunsten von Eugen sprach.

Deshalb verlor ich den Kommilitonen für einige Zeit aus den Augen, eher wir wieder in derselben Gruppe zu den chirurgischen Übungen aufeinandertrafen.

Dort hatten wir an toten Tieren diverse Operationen vorzunehmen, wozu wir zuvor das angesagte OP-Feld mit der Schermaschine rasieren mussten. Hier stellte sich heraus, dass Eugen nicht nur eine gewisse Allergie gegen profunde Kenntnisse der Materie besaß, sondern auch gegen herumfliegende Haare. Zuerst begann seine Nase zu laufen, dann die geröteten Augen und zum Schluss er selbst, nämlich hinaus. Ab und zu streckte er seinen Kopf durch die Tür und erkundigte sich schniefend: „Seid Ihr schon fertig?“ Beste Voraussetzungen für einen angehenden Tierarzt!

Den Vogel schoss er jedoch in seiner fortgeschrittenen Studienphase ab.

Da seine Großmutter, die ihn immer großzügig dotiert hatte, mittlerweile verstorben war und sein Onkel, offenbar im Bestreben, den entgangenen Gobelin-Verkauf dem schuldigen Neffen in Rechnung zu setzen, sich als äußerst knausrig in Punkto finanzieller Zuwendung erwies, verfiel Eugen auf eine grandiose Idee!

Er legte sich eine distinguierte Hornbrille mit Fensterglas zu, ließ seine ohnehin üppige Haartracht zur Künstlermähne ondulieren, bestach einen der Anatomielaboranten und begann, zu Dumpingpreisen versteht sich, Hunde und Katzen zu impfen.

Dazu bestellte er die Tierbesitzer, wenn das Institutsgebäude bereits menschenleer war, zur Abendzeit auf die Universität. Dort, im Vorraum zum Sezierraum, befand sich ein einsamer Marmortisch und der käufliche Laborant. Ein Pferdeskelett auf Holzgestell komplettierte das Trio infernale.

Sobald der Klient mit seinem Vierbeiner erschienen war, rief der Komplize mit getragener Stimme „Herr Professor Antonioli“ in den dunklen Hörsaal, der dem Kunden natürlich verborgen blieb, und Augenblicke später betrat Eugen im weißen und krachsteif gestärkten Mantel mit aufgezogener Spritze würdevoll die Szenerie. Um den Hals baumelte ihm ein Stethoskop, das unvermeidliche Requisit, um von den Leuten für einen Mediziner gehalten zu werden.

Klar, ein Diplom kann man sich schwerlich umhängen.

Trotz seiner niederen Verrechnung – die Masse machte es – verdiente Eugen nicht schlecht, zumindest für einen Studenten, bis eines schönen Tages eine feinere Dame mit ihrem Kater die Bildfläche betrat.

Irgendwie kam ihr das gesamte Ambiente einigermaßen komisch vor, besonders das Pferdeskelett im Hintergrund und der Umstand, dass aus den direkt benachbarten Pathologieräumlichkeiten ein würziges Leichendüftchen herüberschwebte.

Der Dame war es dadurch nicht mehr geheuer, und als Professor Antonioli auftrat, fing sie an, sich zu zieren. Der arme Eugen verstand dieses als Misstrauen in die Prozedur und rief: „Aber gnädige Frau! Die Spritze ist ganz harmlos! Schauen Sie doch!“

Und zum Beweis für die Unbedenklichkeit rammte er sich die Spritze durch Mantel und Hose in den eigenen Hintern, woraufhin die Dame entsetzt aufschrie, den Kater packte und fluchtartig das Terrain verließ.

Der gute Eugen bekam statt Professor nun einen neuen Titel verliehen!

„Sie sind ein schöner Trottel!“, meinte der Laborant, der sich um seinen Obolus geprellt sah.

So gelangte die illegale Betätigung von Eugen an das Ohr des Rektorats und man hätte ihn relegiert, d. h. hinausgeschmissen, wäre da nicht ein wirklicher Universitäts-Professor gewesen, der selbst aus Südtirol stammte und die Familie persönlich kannte.

Der hielt schützend die Hand über den Delinquenten, der Laborant aber, welcher lediglich aus dem südlichen Burgenland stammte und daher über keine derartig protektionistischen Beziehungen verfügte, wurde fristlos entlassen und Eugen durfte das Studium beenden, um später eine überraschend gut gehende Kleintierpraxis mit teilweise prominentem Klientel auf der Wieden zu betreiben. Und das ganz ohne Pferdeskelett!

Horst, das Waldschwein

Als ich Horst zusammen mit seinen sieben Geschwistern aus dem Geburtskanal seiner Mutter herausholte, machte ich mich darauf gefasst, dass ich ihn in absehbarer Zeit kastrieren würde müssen.

Das ist bei männlichen Schweinen unumgänglich, sollten sie später einmal in der Pfanne landen.

Das Fleisch eines zu spät oder gar nicht geschnittenen Ebers ist nämlich ziemlich ungenießbar, da es den so genannten „Geschlechtsgeruch“ verbreitet, welcher an eine gebrutzelte Pissoirmuschel erinnert.

Das beruht auf mehreren Hormonen, die mit dem Erreichen der Geschlechtsreife produziert werden.

Allerdings besteht bei Menschen eine unterschiedliche Sensibilität für diese Eigenschaft, denn in früheren, schlechteren Zeiten unterschied man zwischen geringgradigem und hochgradigem Geschlechtsgeruch. Damals existierte noch auf jedem Schlachthof eine so genannte Freibank, wo minderwertiges, aber nicht gesundheitsschädliches Fleisch billig verkauft wurde. In der Nachkriegszeit erhielten zum Beispiel Studenten der Veterinärmedizin und ihre Professoren gratis Bezugsscheine für diese Bezugsquelle. Es gab aber auch Leute, gar nicht so schlecht betucht, die das würzige Aroma vom geringgradigen Geschlechtsgeruch und -geschmack durchaus zu schätzen wussten und extra dorthin pilgerten.

Gusto und Watschen sind halt verschieden.

Als ich mit Karin anlässlich eines Wienbesuches in alter Reminiszenz an die Studentenzeit wieder ein Lokal aufsuchte, wo ich früher öfters gezecht hatte und mir diesmal ein Schnitzel bestellte, stieg mir sofort das gewisse Odeur in die Nase. Eine winzige Kostprobe bestätigte mein Urteil. Da die Kellnerin mit dem Begriff

„Geschlechtsgeruch“ begreiflicherweise nichts anfangen konnte, ließ ich mir den Chef kommen.

„Das ist unmöglich“, pudelte der sich auf, „ich habe seit Jahren einen zuverlässigen Fleischhauer, da hat es nie Beanstandungen gegeben!“

„In Ordnung“, entgegnete ich gelassen, „dann packen Sie mir das Schnitzel ein und ich trage es zum Hofrat Petuelli in die Lebensmitteluntersuchungsanstalt, die ohnehin nur zwei Häuserblocks weit entfernt liegt! Wissen Sie, ich bin zufällig Tierarzt und kenne mich in solchen Dingen aus!“

Petuelli war zu meiner Studentenzeit ein gefürchteter und unerbittlicher Fachmann gewesen, mittlerweile jedoch schon längst in Pension, aber das wusste der Wirt nicht und der in nachlässigen Gastronomiekreisen berüchtigte Name wirkte noch nach.

„Na ja“, begann er zu stottern, „mein Fleischhauer ist momentan im Krankenstand und da beziehe ich das Fleisch inzwischen von einem anderen. Es kann natürlich sein …!“ Er riss mir den Teller aus der Hand und verschwand in der Küche. Zehn Minuten später wurde mir ein neues Schnitzel serviert, diesmal tadellos, aber der Appetit war mir gründlich vergangen. Vor allem brachte ich den Geschmack nicht so schnell aus dem Mund.

Unser Horst entging jedoch dem drohenden Eunuchenschicksal, weil, wie mir die Fröschl-Bäuerin mitteilte, er beim Verband angemeldet werden und eine Karriere als Zuchteber starten sollte.

Zu Beginn meiner Praxis gab es ja noch etliche Zuchtsauen in der Gegend, welche heute nahezu verschwunden sind, so wie auch nahezu die Schweinehaltung insgesamt. Heute bekommen die Bauern ihre zwei, drei Mastferkel von großen Zuchtanstalten frei Haus geliefert, was natürlich viel weniger Umstände macht und darüber hinaus noch billiger ist. Damals wurden die Sauen durch den Tierarzt auch künstlich besamt, allerdings benötigte man dazu Frischsamen, der per Bahnexpress verschickt wurde (seinerzeit gab es noch keine Lieferdienste und bei unserer Post wäre von frisch keine Rede mehr), da Schweinesperma im Unterschied zu Rindersperma nicht gefrierfähig ist.

Man sieht, die Zeiten haben sich (bis auf die Post) geändert.

So ein Zuchteber stellte natürlich einen erheblichen Wert dar und deshalb verzog ich das Gesicht, als ich mittags hungrig nach Hause kam und mir Karin entgegeneilte: „Ich wollte Dich gerade anrufen, Du musst noch einmal fort, beim Fröschl-Bauern ist ein gewisser Horst schwer krank! Es ist dringend!“

Unter „dringend“ verstehen manche Bauern eine mehrere Tage alte Krankheit, die immer bedenklicher wird.

Der Fröschl war eigentlich nicht so einer, trotzdem knirschte ich kurz mit den Zähnen. Schweine gehören zu den undankbaren Patienten, genau genommen haben Veterinäre überhaupt keine dankbaren Patienten, aber was ich meine, ist, dass Schweine nur schwer diagnostizierbar sind. Sobald man sie festhält, quieken oder schreien sie durchdringend, sodass man ein Abhorchen mit dem Stethoskop vergessen kann. Infolge ihrer dicken Schwarte kann man auch den Bauchbereich nicht abtasten und eine Infusion in die dünne Ohrvene gehört wegen der starken Abwehrbewegungen zu den Zauberkunststücken, die manchmal gelingen, meistens nicht.

Am Fröschl-Hof erwartete mich bereits eine besorgte Bäuerin: „Er hat 41 Grad Fieber und rührt sich seit in der Früh nicht. Nicht einmal sein Lieblingsfutter hat er gefressen!“

„Na ja, mit 41 Grad haben Sie wahrscheinlich auch keinen großen Appetit!“, versuchte ich wenigstens die Bäuerin zu beruhigen. „Schau’n wir halt einmal!“

Wir gingen in den Stall und ich spähte in die Box, wo Horst lag. In dem Moment fiel mir ein Stein vom Herzen, als ich den Jungeber, übersät mit roten Flecken, erblickte.

„Sind das die Masern?“, frug mich die Fröschl-Bäuerin.

„Nein! Ordinärer Rotlauf!“, versicherte ich. „Das werden wir gleich haben!“

Ich zog die Spritze mit dem Penicillin samt fiebersenkendem Mittel auf und injizierte das Ganze langsam und vorsichtig in die Muskulatur hinter dem Ohr, was Horst lediglich mit einem unwilligen Grunzen quittierte. Seine Eckzähne, genannt Hauer, waren für sein Alter schon beträchtlich gewachsen.

Wäre interessant zu wissen, ob er die Prozedur auch ohne das hohe Fieber so ruhig über sich ergehen hätte lassen.

„Am Abend frisst er wieder, die Flecken werden in ein paar Tagen auch verschwinden!“, verabschiedete ich mich, weil ich ebenfalls einer Nahrungsaufnahme bedurfte. Und die war wirklich dringend!

Wie versprochen, war Horst innerhalb kurzer Zeit wieder auf dem Damm, aber die Fröschl-Bäuerin hatte sich mit Rotlauf angesteckt. Die Erkrankung zählt nämlich zu den Zoo-Anthroponosen und kann auf Menschen übertragen werden. Ich hatte einmal einen Fall, bei dem die Bäuerin wegen heftiger Beschwerden ihre Hausärztin aufsuchen musste und diese gefragt hatte, ob sie schon den Tierarzt verständigt hatte. Auf die verwunderte Frage warum, lautete die Antwort: „Du hast Rotlauf und Dein ‚Fak‘ daheim mit Sicherheit auch!“ Und so war es! Wahrscheinlich hatte eine stechende Mücke oder Fliege zuerst auf Horst gefrühstückt, ehe sie die Bäuerin in den Oberam gepiesackt hat. Der Arm war doppelt so dick wie normal, gerötet und tat höllisch weh.

Wahrscheinich war eine Entzündung der Lymphbahnen dazugekommen.

Deshalb rief mich die Fröschl-Bäuerin an: „Herr Doktor! Ich habe von meiner Hausärztin seit Tagen antibiotische Tabletten bekommen, aber die wirken nicht. Jetzt will sie mich ins Spital schicken! Können Sie mir nicht die gleiche Spritze geben, wie Sie es beim Horst gemacht haben? Der war nach ein paar Stunden wieder der alte!“

Ich erklärte, dass das logisch war, weil Rotlauf eine originäre Schweinekrankheit darstellt und die Bakterien gegen Penicillin äußerst empfindlich reagieren. Beim Menschen sieht die Sache etwas anders aus, die brauchen eine antibiotische Behandlung zumindest über mehrere Tage.

„Außerdem kann ich Sie nicht behandeln, das würde die Krankenkasse nicht bezahlen!“, versuchte ich einen Scherz.

Wenn ich geglaubt hatte, damit die Sache erledigt zu haben, hatte ich mich schwer getäuscht.

„Ich zahle es Ihnen privat, wenn Sie wollen, sogar schwarz!“

Die meinte es tatsächlich ernst!

„Hören Sie“, bemühte ich mich um Fassung, „auch wenn mein stehender Spruch ‚Tiere sind auch nur Menschen‘ lautet, besteht doch ein kleiner Unterschied zwischen einem Schwein und einer Bäuerin! Zumindest rein rechtlich gesehen!“, setzte ich boshaft hinzu.

Die Fröschl-Bäuerin musste also kurz ins Spital, von wo sie ebenso geheilt zurückkehrte, wie Horst sich präsentierte.

Allerdings bekam ich noch öfter vorwurfsvoll zu hören: „Mit Ihrer Spritze wäre das einfacher gegangen!“

Ihr Glaube an meine Spritzen war offenbar unausrottbar, denn als Horst bereits ein ausgewachsener Zuchteber war und in der Region schon fleißig für Nachwuchs gesorgt hatte, erreichte mich plötzlich wieder der aufgeregte Anruf der Fröschl-Bäuerin: „Herr Doktor, der Horst springt nicht mehr und liegt den ganzen Tag nur im Stall herum. Gerade, dass er sich zum Fressen bewegt!“

Als ich am Hof vorfuhr, kam mir die verzweifelte Besitzerin händeringend entgegen: „Es ist zum Auswachsen! Gestern waren wieder zwei Bauern mit ihrer Ranzin (das ist eine übliche Bezeichnung für weibliche Schweine, besonders, wenn sie sich in der Brunst, also der „Ranze“, befinden) und der Kerl hat nicht einmal ein Auge riskiert. Wir füttern ihn umsonst und an Deckgebühr kommt auch nichts herein!“

Ich hatte Horst schon länger nicht zu Gesicht bekommen und war daher gespannt, ihn wiederzusehen, aber als ich zu seiner Box kam, war ich regelrecht schockiert. Gewöhnlich bringen männliche Tiere im ausgewachsenen Zustand bis zu 250 Kilogramm auf die Waage, in Ausnahmefällen auch etwas mehr. Horst hingegen wog, wie ich schätzte, mindestens dreihundert bis dreihundertfünfzig davon, er lag halb auf der Seite und seine Wampe quoll unter ihm hervor. Mit seiner Figur hätte er in jede Altherren-Sauna gepasst.

„Bist du deppert!“, entfuhr es mir spontan. Gott sei Dank war ich mit der Fröschl-Bäuerin per Sie, sodass sie das nicht auf sich beziehen konnte.

„Das ist ja ein Mastschwein und kein Zuchteber mehr. Kein Wunder, dass ihm bei dem Fett die Libido vergeht!“

„Er frisst halt so gern und ich habe mir gedacht, ein leerer Sack steht nicht!“

„Ein übervoller, wie man am Horst sieht, auch nicht!“

„Ich habe ihm eh schon ein paar Viagra von meinem Mann gegeben!“, gestand die Fröschl-Bäuerin verschämt.

Da schau her, das waren ja ganz neue Familiengeheimnisse!

„Aber es wirkt nichts! Können Sie ihm nicht eine von Ihren Wunderspritzen geben, dass er wieder mehr Lust kriegt?“

„Wenn ich eine Spritze fürs Abnehmen hätte, hätte ich auch den Nobelpreis! Sie werden dem guten Horst einfach eine Zeitlang den Brotkorb gewaltig höher hängen müssen!“

Die Kur wirkte! Schon nach ein paar Wochen erhielt ich von einer erfreuten Fröschl-Bäuerin die Nachricht, dass Horst wieder eifrig dem Liebesleben frönte.

Na also, dachte ich, ab jetzt hatte der Fröschl-Bauer seine teuren Potenzpillen wieder für sich alleine!

Doch leider hielt Horsts Rolle als wiederauferstandener Casanova nicht lange an – und schuld daran war zum Teil ich.

Wieder wurde ich auf den Fröschl-Hof gerufen, weil eine Ziege in Geburt war, aber es ging nichts weiter, wie die Aussage lautete.

„Seit der Früh tut sie schon so herum!“, empfing mich der Fröschl-Bauer, der ausnahmsweise einmal untertags daheim war. Kein Wunder, handelte es sich bei der Ziege doch um seine beste Tauernschecke, die sogar bei einer Schau den ersten Preis gemacht hatte.

Der Ziegenstall befand sich im selben Gebäude wie der Schweinestall, nur durch einen breiten Gang getrennt, deshalb ersuchte mich der Bauer, bei der Gelegenheit gleich Horst wieder gegen Rotlauf zu impfen, wie wir es seit damals regelmäßig durchführten.

Ich entnahm also der Kühltasche aus dem Auto eine Dosis. Und während der Fröschl Horst etwas zu fressen in den Trog schüttete, betrat ich die Box und zog die Spritze auf. Weil wir wussten, dass Horst, sobald es Futter gab, alles um sich herum vergaß, begab sich der Fröschl hinüber zu seiner Ziege, um erneut die Situation zu peilen.

Kaum hatte ich die dicke Injektionsnadel in Horsts Schwarte versenkt, hörte ich den Fröschl aufschreien: „Ja, das gibt’s doch nicht! Ein Wahnsinn!“

Da ich schon fertig war, hastete ich über den Gang in die andere Abteilung!

Die Geiß hatte sich mittlerweile von selbst entschlossen, die Geburt zu beenden, und nun lag hinter ihr im Stroh neben einem großen Kitz auch der vorgefallene Teil der Gebärmutter. Blöderweise war eine andere Ziege auf das Organ gestiegen, welches jetzt ein beträchtliches Loch aufwies, aus dem es kräftig blutete.

Ich rannte um den Operationskoffer, legte die Ziege in Narkose, säuberte notdürftig den Uterus und begann eilig, das Loch zu verschließen.

Während ich nähte und der Fröschl besorgt zuschaute, hörten wir von drüben ein Krachen und erspähten durch die Türöffnung, wie etwas an uns den Gang entlang vorbeischoss, das verdächtig nach Horst aussah!

Der Fröschl sprang auf und eilte dem Eber nach, der aber bereits im Freien war. So ein Eber-Bröckerl hat keine Haltegriffe, außerdem wog er das Dreifache seines Besitzers, der Bauer bekam Horst zwar noch kurz an den Hinterbeinen zu fassen, was Horst jedoch quiekend zur Tempobeschleunigung veranlasste, wodurch es den Fröschl, wie man so schön sagt, „auf die Papp'n haute", und er bäuchlings liegend hilflos seinem Borstenvieh nachschauen musste, wie dieses im veritablen Schweinsgalopp die weite Wiese überquerte und im nahen Wald verschwand.

Schwer atmend und ziemlich verdreckt kam der Fröschl zu mir zurück. Ich hatte bereits die Blutung gestillt, die Wunde versorgt und die Gebärmutter an ihren angestammten Platz zurückgeschoben, als er mich fragte: „Haben Sie die Box nicht richtig zugemacht?"

„Aber natürlich", verteidigte ich mich entrüstet, „natürlich habe ich den Schieber vorgeschoben!"

Der Fröschl verdrehte die Augen: „Der Schieber allein nützt nichts, den bringt er selbstständig auf. Sie hätten auch noch den Schnapper verriegeln müssen!"

Der Schnapper! An den hatte ich in der Windeseile nicht gedacht.

„Na, warten Sie es ab! Er wird schon wiederkommen, wenn es Zeit für sein Fressen wird. Inzwischen unternimmt er halt einen kleinen Ausflug!“, versuchte ich ein beruhigendes Lächeln.

Aber ich sollte mich irren! Horst dachte gar nicht daran, zurückzukehren! Weder am Abend noch am nächsten Tag noch am übernächsten Tag. Vielleicht wollte er einmal ausprobieren, wie es sich zölibatär lebte.

Der Suchtrupp, der ausgeschickt worden war, kehrte unverrichteter Dinge zurück.

Der Fröschl zeigte sich keinesfalls dankbar, dass ich seiner Tauernschecke das Leben gerettet hatte, sondern überschüttete mich mit Vorwürfen.

‚Verdammt‘, dachte ich, ‚es kann doch nicht so schwer sein, ein marzipanrosa Schwein im Wald zu finden.‘

Die letzte Hoffnung bestand darin, auf den Winter zu warten, aber bis dahin waren es noch gut sechs Monate.

„Und wer ersetzt mir in der Zwischenzeit den Verlust? Horst war ziemlich wertvoll und ich muss jetzt einen neuen Eber anschaffen, dazu kommen noch die entgangenen Deckgebühren!“, räsonierte der Fröschl.

„Also schön“, brummte ich, „beziffern Sie den Schaden, ich gebe das an meine Kunstfehlerversicherung weiter, dafür habe ich sie ja, die wird das schon bezahlen!“

Aber wieder sollte ich mich täuschen.

Eine Versicherung ist eine Kombination von Drehtür samt Falltür. Sie dreht sich, wie es ihr passt, und lässt Dich, wenn es darauf ankommt, fallen.

Das wurde mir spätestens klar, als mich mein Versicherungsmakler, Herr Wörgötter, wenige Tage später anrief und mir mitteilte, dass sein Unternehmen die Forderung nicht erfüllen könnte.

„Wieso denn?“, protestierte ich. „Das war doch mein Fehler!“

„Entschuldigung, Herr Doktor, aber eine Tür nicht ordentlich zu schließen, ist kein tierärztlicher Kunstfehler, sondern eine Blö.........!“, hier bremste sich Herr Wörgötter gerade noch rechtzeitig ein. „Ich meine, eine Fahrlässigkeit, und die ist in Ihrem Versicherungsvertrag nicht vorgesehen! Ich bedauere!"

Mir blieb also nichts anderes übrig, als zähneknirschend aus meiner Privatschatulle an den Fröschlbauern zu berappen.

Von Horst fehlte nach wie vor jede Spur.

Aber der Voglauer, ein emsiger Freizeitjäger, behauptete, Horst einmal in Begleitung einer hübschen Wildschweinbache gesehen zu haben.

Das war jedoch reinstes Jägerlatein, in unserer Gegend gibt es keine Wildschweine!

Dafür seit Kurzem ein Waldschwein!

Wozu braucht ein Tierarzt Intelligenz?

Die Almsommermonate zeichnen sich dadurch aus, dass die Anzahl der Visiten zwar wesentlich geringer wird, die Wege allerdings wesentlich weiter sind, wodurch die tägliche Arbeitszeit ziemlich gleichbleibend ausfällt. Dabei besteht zwischen Alm und Alm natürlich ein beträchtlicher Unterschied. Auf manche Hoch-Alm führt eine relativ zügig zu befahrene, ja man kann fast von einer Straße sprechen, und anderswohin gelangt man nur über schlecht befestigte, serpentinenreiche Schotterwege am Rande tiefer Schluchten, die dem Tierarzt und seinem Wagen einiges abverlangen, an sein Ziel. Besonders bei Schlechtwetter und Nebel sind dann solche Fahrten kein steuerpflichtiges Vergnügen, und wenn man einmal oben ist, denkt man bereits mit Schaudern an den Rückweg.

Deshalb war ich nicht gerade erbaut, als mich die Hoanzl-Bäuerin anrief und mir mit aufgeregter Stimme mitteilte, dass auf ihrer Alm eine Kuh so aussah, als müsse sie gleich sterben, und daher ein dringender Besuch erforderlich wäre.

Typischerweise steckte ich gerade, als mich der Anruf erreichte, mit dem Arm bis zu den Schultern im Hintern einer anderen Kuh. Es ist frappant, aber so geht es mir häufig. Unterwegs von A nach B nichts, aber kaum bin ich rektal tätig, meldete sich das verdammte Kastl. Irgendwie beschleicht mich das Gefühl, dass ich einer boshaften Drohnenüberwachung unterliege. Ich nenne das Phänomen den früheren Badewanneneffekt, sobald man drinnen saß, läutete das damalige Festnetz. Deshalb benütze ich noch mein uraltes, mit zahllosen Tixo-Streifen zusammengeschnürtes Handy, weil es sich mit einer Hand bedienen lässt. Bei einem modernen Smart-Phone braucht es dazu beide Hände, und wenn ich mit dem im Gebrauch befindlichen Rektalhandschuh über das Display wischen würde, könnte ich es gleich als Kotprobe an die Parasitologie verschicken.

Adrenalin ist eine wichtige Sache, aber zu viel davon ist auch nicht gut! Ich stöhnte, was die Kuh mit einem ausgedehnten Furz quittierte. „Ganz meine Meinung", sagte ich zu ihr.

Zur Hoanzl-Alm ging es nämlich eine Weile eben dahin, um auf dem letzten Drittel des Weges plötzlich steil anzusteigen und, wie beschrieben, an Abgründen vorbei. Dazu kamen vier Gattertore, die aufgrund ihres Zustandes beim Öffnen und Schließen ein eigenes Abenteuer darstellten. Aber da half nichts: Dienst ist Dienst und Schnaps ist Schnaps, wobei manche Leute beides zu verbinden wissen.

Ich verließ den Beckenraum der Kuh, bestätigte dem Bauern, dass sein Tier trächtig sei, und startete den Wagen.

Zum Glück war es ein heißer Julitag, was heißt heiß, sauheiß, sodass sich die Fahrverhältnisse trocken gestalteten. Und ein weiteres Glück bestand darin, dass die Strecke zuerst durch einen tiefen Talkessel führte, wo es wohltuend keinen Handy-Empfang gab, weil mich sonst die Hoanzl-Bäuerin bestimmt schon zwei Mal angerufen hätte, ob ich „eh schon unterwegs" wäre.

Endlich erreichte ich die letzte Kuppe und sah in einem halben Kilometer Entfernung die beiden niedrigen Holzgebäude: die Almhütte und den dazugehörigen Kaser.

Ich bremste in einer Staubwolke, dass die Bäuerin, die schon ungeduldig auf mich gewartet hatte, einen Hustenanfall bekam. Der hagere Mann in zünftiger Wanderkleidung neben ihr schien passionierter Kettenraucher zu sein, weil er problemlos inhalierte.

„Na Gott sei Dank, dass Sie endlich da sind, Herr Doktor!", brachte die Hoanzl-Bäuerin krampfhaft hervor.

„Entschuldigung, mein Hubschrauber ist gerade in Reparatur!", konterte ich den leichten Vorwurf so staubtrockentrocken, dass es mich nicht gewundert hätte, wäre ein erneuter Hustenanfall die Folge gewesen. „Was ist mit der Kuh?"

„Die Gretl liegt da, wie wenn sie gleich verreckt! In der Früh nach dem Melken war sie noch ganz in Ordnung!“

„Wo liegt sie?“

Die Bäuerin deutete den steilen Hang hinter dem Kaser hinauf: „Da oben!“

Da oben klang bei den herrschenden Temperaturen gar nicht gut. Ich folgte ihrem Zeigefinger mit den Augen und erspähte tatsächlich einen braunen Fleck im grünen Wiesengras, ungefähr dreihundert Meter über uns.

„Na schön, dann wollen wir halt!“, seufzte ich und griff nach meinem Notfallkoffer.

„Kann ich Ihnen tragen helfen?“, ließ sich der fremde Wandersmann vernehmen.

Auf meinen erstaunten Blick hinauf bemüßigte sich die Hoanzl-Bäuerin zu einer Vorstellung: „Das ist der Herr Auer! Ein langjähriger Sommergast!“

„Prima!“ Ich fand Herrn Auer somit auf Anhieb sympathisch und drückte ihm vorsichtshalber gleich drei Infusionsflaschen in die Hand. Ich wusste ja nicht, was mich bei der Gretl erwartete.

Der Aufstieg gestaltete sich so, wie ich befürchtet hatte. Mit Gummistiefeln, in denen die Sohlen kochen und die am bröckeligen Erdreich wenig Halt boten, ist eine Bergtour, auch wenn sie nur kurz war, ziemlich anstrengend. Ich keuchte und schnaufte, schließlich war man keine zwanzig, was sage ich, nicht einmal fünfzig mehr und verspürte das Bedürfnis, mich oben neben die Gretl für eine Weile ins Gras zu betten.

Dazu kam es jedoch nicht. Die Kuh war wirklich schlecht beisammen. Sie lag auf der linken Seite, ihre Atmung ging schwer, aus dem Mund trat schaumiger Speichel.

„Was hat sie denn?“, rief die Hoanzl-Bäuerin verzweifelt, bevor ich noch eine Untersuchung beginnen konnte.

Aber das war nicht notwendig! Ich erkannte die Ursache auch so. „Eine Allergie!“

„Wieso eine Allergie?“

„Schauen Sie! Die verschwollenen Augenlider und die Quaddeln (Quaddeln sind kleine halbrunde Hauterhebungen) über den ganzen Körper! Wahrscheinlich hat sie auch ein Schlundkopfödem, daher der viele Speichel."

Ich bat Herrn Auer, die Infusionsflaschen, die ich nicht benötigte, abzulegen und mir stattdessen den Kopf von Gretl an den Hörnern ein wenig hochzuheben, damit ich die Staukette um den Hals schlingen konnte, zog in einer Spritze ein Kortisonpräparat, ein Antihistaminikum und eine homöopathische *Apis mellifica*-Ampulle auf. Dieses Gemisch injizierte ich in die durch die Kette hervorgetretene Vene, löste die Kette und stand auf: „So! Fertig!"

„Das ist alles?", frug die Bäuerin erstaunt.

„Kleiner Zauberkniff!", grinste ich.

Tatsächlich wurde die Atmung von Gretl innerhalb einiger Minuten deutlich ruhiger, der Speichelfluss hörte auf, die Quaddeln verschwanden und die Haut begann, sich zu glätten. Selbst die Schwellung an den Augenlidern ging zurück!

Plötzlich rollte sich Gretl auf die Brust und schaute überrascht in die Gegend.

Obwohl die Akutbehandlung einer Allergie wahrlich kein Kunststück darstellt, ist es doch für jeden Tierarzt eine Befriedigung, einen derart raschen Therapieerfolg zu feiern.

„Woher kann denn so eine Allergie kommen?" Jetzt war es Herr Auer, der sich wissbegierig zeigte. Na ja, immerhin hatte er die schweren Infusionsflaschen vergeblich mit heraufgeschleppt.

Ich zuckte die Schultern: „Keine Ahnung! Da gibt es viele Möglichkeiten! Insektenstiche oder sie hat etwas Unverträgliches gefressen …!"

„Können vielleicht die Erbsen daran schuld sein?", fiel mir die Hoanzl-Bäuerin ins Wort.

„Wieso Erbsen? Wie soll die Gretl da heroben an Erbsen kommen?"

„Na, weil wir sie an unsere drei Schweine dort drüben im Kobel verfüttern. Sie waren so billig!"

Es war im ganzen Ort bekannt, dass am Hoanzl-Hof das ganze Jahr über dem Weltspartag gehuldigt wurde.

„Ich verstehe noch immer nicht! Wie kommt die Gretl an die Erbsen?"

„Wir haben ein paar Säcke gekauft und ich hab' gestern Abend vergessen, so einen Sack wegzuräumen, und ihn im Freien stehen gelassen. Wie die Gretl heute früh nach dem Melken hinausgelassen wurde, hat sie sich über den Sack hergemacht. Sie war schon immer die verfressendste Kuh im Stall!"

„Na, dann wundert mich nichts mehr! Typischer Fall von Eiweißvergiftung!"

„Ja, aber im Sack war nicht mehr so viel drinnen!"

„Für eine Allergie hat es offenbar gereicht!", erwiderte ich ziemlich unbarmherzig, packte meine Tasche und begann den Abstieg.

Unten bei der Hütte sagte die Hoanzl-Bäuerin: „Jetzt setzen Sie sich, Herr Doktor, heut haben Sie sich ein Schnapserl verdient!"

Da ich gegen Schnaps keine irgendwie geartete Allergie besaß, hockte ich mich gehorsam zum großen Lärchentisch. Der Herr Auer, mein braver Flaschenträger, kam heran und fragte: „Darf ich mich zu Ihnen setzen?" Ich machte eine einladende Handbewegung.

„Sagen Sie", begann er, „so ein Tierarzt muss doch viel mehr können als ein Arzt, oder?"

Das Lob ging zwar runter wie Öl, trotzdem tat ich erstaunt: „Wie kommen Sie darauf?"

„Na, so ein Vieh kann doch nicht reden, was ihm fehlt! Und trotzdem kommt Ihr zu einer Diagnose!"

Ich verzichtete darauf, ihn darüber aufzuklären, dass wir Tierärzte auch Medizin studiert haben, und fühlte mich genötigt, eine Lanze für unsere Humankollegen zu brechen: „Schon, aber wenn einer zum Arzt kommt und behauptet, es tut ihm alles weh, kann sich der auch kein klares Bild verschaffen!"

Die Hoanzl-Bäuerin kam mit einem Tablett, auf dem sie drei gewaltige Schnapsgläser balancierte, aus der Hütte und setzte sich dazu. Offenbar hatte sie das Gespräch mitgehört, weil sie sagte: „Prost! Ja, unser Doktor ist ein guter Tierarzt, wir sind alle schon in Sorge, wenn er in ein paar Monaten in Pension geht und wir keinen Nachfolger haben! Es gibt anscheinend keinen mehr, der in die Landpraxis will!"

„Das Problem kennen wir auch von zu Hause!", meinte Herr Fischbacher. „Ich komme aus dem Mühlviertel und bei uns gibt es zur Zeit auch keinen Tierarzt mehr!"

„Ruhestand?", frug ich unbedarft.

„Nein, keinen Führerschein! Unser Tierarzt ist ein schneller Autofahrer (das konnte ich nachvollziehen, schließlich genoss ich denselben Ruf, sowohl in der Bevölkerung als auch bei der Polizei) und da haben sie einen Radarkasten mitten auf der Landstraße aufgebaut. Unser Tierarzt hat davon nichts gewusst und ist erst draufgekommen, wie es hinter ihm geblitzt hat. Einige Tage später hat er den ungewohnten Radarkasten noch immer nicht auf dem Radar gehabt und ist wieder mit Karacho daran vorbeigezischt. Die neue Strafverfügung ist früher dagewesen, bevor er noch die erste einbezahlt hat. Das hat ihn so geärgert, dass er sich die Nummerntafel überklebt hat und acht Mal durch die Radarfalle gebrettert ist. Bei jedem Blitz hat er sich unbändig gefreut. Leider hat er nicht daran gedacht, dass er genauso ein Tierarztschild", Herr Auer zeigte auf meinen Wagen, „wie Sie eines am Dach montiert hatte. Nachdem es zusätzlich aktuelle Fotos von seinem Auto gab, war es nicht schwer, den Temposünder zu identifizieren. Jetzt hat er für geraume Zeit keinen Führerschein und ein Strafverfahren dazu!"

Ein erfolgreicher Tierarzt braucht Fachkenntnisse, Einsatzbereitschaft und ab und zu etwas Glück!

Intelligenz ist offenbar keine Vorbedingung!

Einbeinchen

Wir kamen gerade von einem gewinnbringenden Urlaub am Golf von Neapel zurück. Gewinnbringend natürlich nicht von der finanziellen Seite her gesehen, da konnte man eher vom Gegenteil sprechen, denn Karin hatte sich zu ihrer umfangreichen Sammlung einige weitere schmucke italienische Handtaschen und Schuhe zugelegt und ich hatte auf einem Antikmarkt in Neapel zwei wunderbare Bronzestücke erworben: einmal eine entzückende Nachbildung aus dem neunzehnten Jahrhundert des gleichzeitig tanzenden und flötenspielenden Fauns, der bei Ausgrabungen in den Ruinen von Pompeij gefunden worden war, und eine Büste von Samuel Hahnemann, dem von mir verehrten Erfinder der Homöopathie.

Nachdem wir unser Auto aus dem Parkhaus des Franz-Josef-Strauß-Flughafens geholt hatten, machten wir noch einen kleinen Abstecher nach München ins Hofbräuhaus hinein. Ich muss gestehen, ich liebe das Hofbräuhaus, auch wenn jetzt der eine oder andere die Nase rümpft. Unten in der Schwemme entspricht es natürlich vollkommen dem touristischen Klischee, aber im ersten Stock sitzt man ruhig und gemütlich, lässt sich ein Spanferkel mit Reiberdatschi schmecken und genießt eine oder zwei Mass Bier. Weil Karin den Rest der Strecke fuhr, wurde daraus noch eine dritte.

So erreichten wir, gut erholt und ebenso gebräunt, in frohgestimmter Laune am Sonntagabend bei langsam untergehender Sonne unser trautes Heim in Bad Hofgastein. Ich freute mich sogar schon wieder auf die zwei Wochen lang entbehrten Visiten und das Wiedersehen mit meinen Tieren auf den Bauernhöfen. Aber während Karin darauf wartete, bis sich das Garagentor vollständig geöffnet hatte, verflog meine frohgestimmte Laune. Irgendetwas steckte in der Zeitungsröhre unterhalb des Briefkastens und das gefiel mir überhaupt nicht. Ich sprang aus dem Auto und ging nachsehen. Wie vom Donner gerührt, fand ich eine lebende Amsel, dick in Küchenrollenpapier eingewickelt und so hineingepfercht, dass sich das arme Vieh unmöglich von selbst befreien konnte.

„Komm her und schau Dir diese Schweinerei an!", rief ich Karin zu.

Die war hochgradig empört: „Was sind denn das für Menschen, die glauben, auf diese Weise einfach ein Tier beim Tierarzt entsorgen zu können? Und das bei der Hitze! Überhaupt! Die konnten ja gar nicht wissen, wann wir zurückkommen! Wenn das erst in ein paar Tagen passiert, ist das arme Ding bis dahin elendiglich verreckt!"

„Wahrscheinlich haben sie vom Anrufbeantworter erfahren, dass wir schon heute eintreffen und die Praxis ab morgen wieder besetzt ist!", erinnerte ich sie.

Karin war nicht zu beruhigen: „Trotzdem eine unerhörte Tierquälerei!"

Wie immer, sagen wir lieber meistens, hatte meine beste aller Ehefrauen (Kishon) Recht!

Behutsam löste ich das ungewollte Paket aus der Metallummantelung und trug es schnurstracks in die Ordination. Die Amsel veranstaltete keine großen Versuche, sich dagegen zu wehren, offenbar war sie mit ihren Kräften am Ende.

Zuallererst träufelte ich ihr mit einer Pipette etwas Wasser, vermischt mit einer Spur Kreislaufmittel, in den schlappen Schnabel. Befriedigt stellte ich fest, dass sie schlucken konnte.

Anschließend wickelte ich sie vorsichtig aus wie ein Archäologe eine ägyptische Mumie.

Kein Zweifel! Die Amsel, es war ein weibliches Exemplar, hatte irgendeinen Unfall erlitten! Das linke Bein bestand nur mehr aus Hautfetzen! Obwohl ich mich als vorwiegender Großtierpraktiker für gefundene Vögel als nicht zuständig erkläre, um solche Tiere aufzupäppeln, habe ich glücklicherweise in der Nachbarschaft einen Mann, der früher so eine Vogelstation betrieben hatte und dem ich, trotz seines Ruhestandes, diese Fälle noch immer schicken kann. Ihm sei an dieser Stelle ausdrücklich gedankt.

Hier aber lag ein akutes medizinisches Problem vor. Da ich kein Inhalationsgerät besaß, tropfte ich reichlich von einem Lokalanästhetikum auf die Wunde. Nach ein paar Minuten Wartezeit begann ich den Beinstumpf zu säubern und mit dem Skalpell zu begradigen. Zum Glück blutete es nicht stark.

Anschließend bestrich ich das Ganze dick mit antibiotischer und entzündungshemmender Salbe und legte einen leichten Verband darüber.

Dies würde ich noch ein paar Tage lang machen müssen.

Deshalb stellte sich nun die Frage: Wohin mit dem Vogel in der Zwischenzeit?

Da fiel mir der Käfig ein, der seit einigen Jahren auf dem Dachboden stand. Ich hatte ihn seinerzeit von einer Frau Schabesreiter, deren Nymphensittich wegen eines Lebertumores eingeschläfert werden musste, geschenkt bekommen: „Vielleicht können Sie ihn einmal brauchen!"

Die gute Dame musste über hellseherische Fähigkeiten verfügt haben!

Ich befüllte das Wasserschälchen und nahm mir vor, am nächsten Morgen sofort ins Lagerhaus zu fahren, um geeignetes Vogelfutter zu besorgen.

Für heute musste es ein Stück Apfel tun.

Gleich in der Früh inspizierte ich die Patientin. Zu meiner Befriedigung machte sie bereits einen aufgeweckten Eindruck und hüpfte auf ihrer verbliebenen Stelze munter im Käfig umher. Als ich mit dem Futter zurückkam, schüttete ich eine kleine Menge auf den Boden, das war wichtig, denn Amseln gehören zu den Bodenfressern, sehr zum Leidwesen manches Regenwurms, und legte noch zwei Himbeeren dazu. Die mögen diese Tiere.

Eigentlich hatte ich die Befürchtung gehabt, dass, wenn ich in den Käfig hineingriff, der Vogel aufgescheucht und panikartig herumflattern würde, aber was war das? Zuerst stand das Amselmädchen in einer Ecke, was in einem runden Käfig eine beachtliche Leistung darstellte, und beäugte mein Tun. Von einer Panik keine Spur.

Und plötzlich hopste sie herbei, schenkte dem bereitliegenden Futter vorerst keine Beachtung, sondern pickte energisch gegen den Ehering an meinem Finger.

So ein vertrauensvolles Wildtier hatte ich noch nie erlebt.

„Tut mir leid, Einbeinchen", schmunzelte ich, „aber ich bin schon vergeben!"

Erstaunlicherweise ließ sich die Amsel zum regelmäßigen Verbandswechsel auch während der nächsten Tage problemlos greifen, als wäre sie ein zahmer Wellensittich. Zu meiner großen Freude schritt die Wundheilung rasant und komplikationslos voran, es ist ja immer wieder für einen Beobachter verblüffend, über welches Regenerationsvermögen die meisten Wildtiere verfügen. Daher ließ ich nach einer knappen Woche den Verband überhaupt weg, um ihr die Prozedur zu ersparen, und nach einer weiteren beschloss ich, da der Beinstumpf vollkommen verheilt war, Einbeinchen wieder in ihren natürlichen Lebensraum zu entlassen. Ich gestehe aber unumwunden, dass mir die Trennung von diesem seltsamen Vogel nicht leichtfiel. So trug ich den Käfig hinauf in den zweiten Stock, öffnete das Fenster meines Büros und anschließend die Gittertür. Es brauchte zuerst eine Weile, bis Einbeinchen kapierte, dass das Tor zur Freiheit weit offenstand, doch dann hüpfte es auf das Fensterbrett und flog unter fröhlichem Gezwitscher davon.

„Pass in Zukunft ein bisschen besser auf Dich auf", murmelte ich und verstaute den Käfig wieder auf dem Dachboden.

Das war an einem Freitag gewesen.

Am Samstag saß ich, während Karin das Mittagessen zubereitete, an meinem Schreibtisch, um ein Gutachten zu verfassen. Im Zuge eines des wahrscheinlich letzten Gewitters im langsam zu Ende gehenden Sommer hatte ein Blitz die siebenjährige Norikerstute vom Machbauern erschlagen.

Weil um diese Zeit noch immer ziemliche Hitze herrschte, waren gleichzeitig das Fenster im Stiegenhaus als auch das Bürofenster geöffnet, damit ein leichter Durchzug herrschte.

Plötzlich hörte ich ein vertrautes Zwitschern, und als ich den Kopf drehte, erblickte ich mit Erstaunen das Einbeinchen, welches auf der Fensterbank stand und, den Kopf schiefgelegt, mich mit glänzenden schwarzen Knopfaugen ansah.

Man kann sich meine Rührung vorstellen!

„Ja Einbeinchen! Kommst Du den alten Onkel Doktor besuchen?"

Weil ich ja nicht damit rechnen konnte, meine kleine Patientin wiederzusehen, hatte ich das restliche Vogelfutter großzügig im Garten verteilt, sodass ich nun mit leeren Händen dastand, obwohl das Futterangebot zu dieser Jahreszeit noch reichlich war.

Aber eine kleine Willkommensgabe musste sein.

Ich rannte daher hinunter in die Küche, grapschte zum Erstaunen von Karin eine Walnuss, knackte die Schale und legte den weichen Kern schnabelgerecht auf das Fensterbrett.

Bevor Einbeinchen jedoch der Nuss eine Beachtung schenkte, pickte es wieder gegen meinen Ehering! „Die ewige Eifersucht des Weibes", kam mir ein heute nicht mehr ganz korrektes Dichterwort in den Sinn.

Anschließend ließ sich das Amselmädchen doch herab, sich dem Leckerbissen zu widmen.

Allerdings stellte sich heraus, dass das gar nicht so einfach war.

Vögel fixieren oft ihr Futter mit einem Bein, um es besser zerlegen zu können. Weil Einbeinchen jedoch nicht nur so hieß, sondern auch tatsächlich eines war, hüpfte die blöde Nuss bei jedem Schnabelhieb ein Stück davon. So ging das also nicht.

Ich kramte mein Taschenmesser aus der Schublade und schnitt damit das widerspenstige Objekt in schnabelgerechte Stücke.

Am nächsten Tag wiederholte sich das Schauspiel! Da ich keine Lust hatte, jedes Mal zuerst den Vorschneider zu spielen, kaufte ich im Lagerhaus eine Mausefalle und klemmte den Nusskern mit dem straffen Schlagbügel fest.

Ab da konnte Einbeinchen, mein nunmehriger Dauergast, ohne Probleme die Frucht selbstständig verschnabulieren, im wahrsten Sinn des Wortes.

Zwar passierte das nicht jeden Tag, ich saß ja nicht zu regelmäßigen Zeiten am Schreibtisch, an manchen hektischen Visitentagen oft überhaupt nicht, aber so zwei-, dreimal die Woche mindestens erhielt ich netten Besuch von meiner neuen gefiederten Freundin.

So zog langsam der Herbst ins Land und die Temperaturen sanken ebenso stetig, sodass ich nicht mehr am offenen Fenster arbeiten konnte.

Das störte Einbeinchen jedoch keineswegs, wenn es da war und ich ebenfalls, machte es sich bemerkbar, indem es mit dem Schnabel energisch an die Scheibe klopfte.

Und dann brach plötzlich der Winter herein!

Geschneit hatte es nicht allzu viel, nur eine dünne Schneedecke überzog das Land, aber saukalt war es! Minus siebzehn Grad, mehr als zwei Wochen lang.

In dieser Zeit vermisste ich das Einbeinchen schmerzhaft und begann, mir Sorgen zu machen.

Diese verstärkten sich, je länger niemand an die Fensterscheibe pochte.

Endlich flachte sich die Eiseskälte ab und ich konnte die Balkontüre kurz aufreißen, um das Büro wieder einmal ordentlich zu lüften.

Da entdeckte ich Einbeinchen! Es lag am Rücken, steif gefroren auf dem Balkonboden unter dem Fenster, den verbliebenen Fuß starr in die Luft gestreckt.

Seufzend holte ich einen kleinen Plastikbeutel, steckte das tote Vögelchen hinein und verstaute es im Gefrierfach des Ordinationskühlschranks.

Im Frühling, wenn der Boden auftaute, würde ich ihm ein kleines Grab unter der Birke, auf der es oft gesessen hatte, bereiten.

Wahrscheinlich war seine Zeit gekommen, das Alter einer erwachsenen Amsel kann keiner abschätzen und die niederen Temperaturen hatten möglicherweise ihr Übriges dazu getan.

Vielleicht hatte Einbeinchen instinktiv gespürt, dass etwas mit ihm nicht stimmte, und versucht, zu mir zu kommen, um erneute Hilfe zu finden wie damals in der Zeitungsrolle.

Dieser Gedanke hatte zwar nichts Tröstliches, aber doch etwas Rührendes an sich.

BANG

Ich finde, als Landtierarzt sollte man jeden Tag einen Blick in die Lokalzeitung werfen.

Zwar bleibt in kleinen Gemeinden ohnehin nichts verborgen, was in Afrika nämlich einmal die Buschtrommel war, heißt hierzulande Dorftratsch.

Aber es konnte nicht schaden, schon vorab informiert zu sein. Speziell die Todesanzeigen spielten hier eine große Rolle, denn nichts war peinlicher, unwissend auf einen Hof zu kommen, wo gerade ein akuter Trauerfall herrschte, und man nicht kondolierte oder, noch schlimmer, die Arbeit mit ein paar flotten Sprüchen zu garnieren, wie es meine übliche Art war.

Darum meinte ich an diesem Morgen überrascht zu Karin: „Da schau, der Mandlbauer ist gestorben. Na, alt war der nicht! Zweiundfünfzig Jahre!“

„Wer?“, frug Karin etwas verständnislos, da ihr der Name spontan nichts sagte. Kein Wunder, jedermann hielt sich vom Mandlbauern fern, so gut es ging, und ich bildete da keine Ausnahme.

„Na, der Mandlbauer! Du weißt schon! Damals die Geschichte mit der BANG-Untersuchung.“

„Ah ja, jetzt erinnere ich mich! Der ewige Ungustl!“

Damit hatte sie nicht Unrecht.

Zu Beginn meiner tierärztlichen Praxis gab es noch für längere Zeit die sogenannten periodischen Untersuchungen auf IBR/IBV, Tuberkulose und natürlich BANG.

Unter letzterem ist die Infektion mit *Brucella abortus* zu verstehen, die früher weit verbreitet war. Das Fatale an dem Erreger war, dass er nicht nur zu Verwerfensfällen bei Rindern, Schafen und Ziegen führte, sondern als Zoo-Anthroponose auch auf den Menschen übertragbar war. Er konnte bei Schwangeren ebenfalls einen Abortus hervorrufen und bei Männern eine gravierende Hodenentzündung.

Daher existierte seit Jahrzehnten ein rigoroses Bekämpfungsprogramm, im Zuge dessen sämtliche Rinderbestände eines Gemeindegebietes im zweijährigen Intervall mittels Blutentnahme untersucht wurden. Die Gemeinden stellten dazu dem Tierarzt einen Impfhelfer zur Verfügung, meist einen Bauern, der die Aufgabe hatte, die Tiere per Schwitzkasten oder mit der Nasenzange zu fixieren. Wenn ich Impfhelfer sage, dann deshalb, weil der Volksmund landauf landab vom „BANG-Impfen“ sprach, obwohl, wie gesagt, es sich um eine reine Blutentnahme handelte. Aber selbst wir Tierärzte ließen uns von dieser Bezeichnung anstecken und sprachen meistens nur vom „Impftag“.

In den Anfängen des Bekämpfungsprogramms hatten meine Vorgängerkollegen wahrlich kein leichtes Leben, glücklicherweise waren die Rinderbestände zu meiner Zeit bereits saniert, weil ein einziger positiver Untersuchungsbefund die amtlich angeordnete Ausräumung des gesamten Stalles und die Schlachtung sämtlicher darin befindlichen Tiere bedeutete.

Man kann sich denken, dass die Bauern davon nicht sehr erbaut waren, obwohl es durch die Behörden eine gewisse finanzielle Kompensation gab, die aber den wirklichen Schaden natürlich in keiner Weise abdeckte. Besonders, wenn es sich um wertvolles Zuchtvieh handelte, denn adäquate Kühe in größerer Menge sofort zu bekommen, war schlicht unmöglich.

Von einem älteren Kollegen wusste ich, dass er, als er in Begleitung eines Tiertransporters zur Exekution der Stallräumung schreiten wollte und auf dem besagten Betrieb im hintersten Talende ankam, vom Bauern aus der Dachluke des Hauses mit dem Flobertgewehr bedroht wurde.

Die Warnung lautete: „Ich schieß jeden nieder, der es wagt, meinen Stall zu betreten!“

Natürlich half diese martialische Haltung einen Dreck, am nächsten Tag erschien der Kollege erneut, diesmal unter

Gendarmerie-Bedeckung, und der erboste Bauer musste nicht nur der Abnahme seiner Tiere zusehen, sondern der auch seines Gewehrs. Dafür erhielt er zum Ausgleich eine Strafverfügung wegen gefährlicher Drohung.

Wie gesagt, als ich meine Tätigkeit aufnahm, hatte sich die Situation längst entspannt, es gab jedoch trotzdem Einzelfälle, die für Konflikte sorgten.

Manchmal konnte das Blutlabor nämlich bei einem Rind keinen eindeutigen Befund, ob positiv oder negativ, ermitteln, die Tiere erwiesen sich als indifferent, weshalb der Bestand sicherheitshalber vorübergehend gesperrt wurde und zwei weitere Nachuntersuchungen bei dem fraglichen Kandidaten in Abständen von einigen Wochen nötig waren.

Ergaben diese ebenfalls ein undeutliches Bild, ging die Behörde vom *worst case* aus, das hieß, dreimal fraglich bedeutete positiv, somit kam es zum Wurst Case, denn das betroffene Tier wurde geschlachtet und die Sperre des Betriebes danach aufgehoben.

Zu meinem Pech stieß ich ausgerechnet beim Mandlbauern auf so eine Problemkuh.

„Geh, sei so lieb und nimm die zweite Blutprobe!"

Dieser Anruf des Amtstierarztes, mit dem mich eigentlich ein gutes Verhältnis verband, verursachte mir keine Freudentränen. An sich wäre die gesamte BANG-Untersucherei alleinige Sache der Amtstierärzte gewesen, aber die hätten dieses Arbeitspensum in der vorgegebenen Zeitspanne nie bewältigen können, daher beauftragten sie die lokalen praktischen Tierärzte ganz legal mit der Durchführung.

Ich wusste natürlich sofort, woher der Wind wehte!

Der Herr Kollege hatte im Laufe seiner Beamtenlaufbahn die unmissverständliche Neigung entwickelt, unnötige Schwierigkeiten und Konfliktpotenziale zu umgehen und diese Angelegenheit an andere zu delegieren, die sich der gestellten Aufgabe dann nur schwer entziehen konnten.

Und dass der Fall genug Konfliktpotenzial bot, war dem Kollegen spätestens nach dem Telefonat mit dem Mandlbauern klar, der wegen seiner vorläufigen Betriebssperre zu toben begonnen hatte, und deshalb schickte er mich an die Front.

‚Kruzitürken', fluchte ich innerlich, ‚das wird ein Spaß.'

Klugerweise hatte ich meinen Besuch am Mandlhof vorher fernmündlich angekündigt, sodass sich die erste Wut des Bauern über die sichere Distanz der Telefonleitung auf mich ergoss.

Trotzdem war der Empfang zwei Tage später auch kein Kindergeburtstag.

Der Mandl bot schon rein optisch einen furchteinflößenden Eindruck. Gut einen Kopf größer als ich, mit einem kohlrabenschwarzen Vollbart und ebensolchen Zotteln im Haar zusammen mit dem obligatorischen Halstuch hätte er jederzeit Aufnahme in der Komparserie zu einem Piratenfilm gefunden. Dazu hatte er, wie mir bekannt war, eine klitzekleine Vorstrafe wegen Körperverletzung bei einer Wirtshausrauferei.

„Was wollen denn Sie schon wieder?", brüllte er. „Und wo ist dieser verdammte Amtstierarzt?"

„Ich bin in seiner Vertretung da!", antwortete ich mit einer Selbstbeherrschung, die mich wirklich selbst überraschte.

„Aha, der feine Herr traut sich nicht persönlich her, weil er genau weiß, dass ich ihm dann die Gurgel umdrehe!", höhnte der Mandl.

„Können wir jetzt anfangen?", schnitt ich die Diskussion ab, packte meine Blutentnahmespritze und marschierte in den Stall, wo die Kühe nebeneinander mit dem Kopf im Fressgatter eingesperrt standen.

„Das da ist sie!", maulte der Mandl.

„Nanu, wo sind denn die lieben Ohrmarken geblieben?" Die Ohrmarkennummer brauchte ich nämlich zur Identifizierung.

„Na verloren wird sie sie haben! Wäre bei dem Zeug ja nicht die erste!"

„Aber beide gleichzeitig?"

„Zufall!“

„Ein blöder Zufall, muss ich schon sagen!“

Ich wanderte die Kopfreihe entlang und entdeckte ganz am Schluss noch eine Kuh, der ebenfalls die Ohrmarken fehlten.

„Sogar ein doppelter Zufall!“ Sarkasmus kann eine ganz schöne Genugtuung ergeben. „Und woher soll ich jetzt wissen, dass die da vorne die Richtige ist?“

„Na was denn“, schnauzte der Mandl, „ich kenn doch meine Viecher!“

‚Das glaube ich‘, war mein Gedanke, ‚aber ich kenne auch eine gewisse Sorte von Bauern.‘ Ich war felsenfest davon überzeugt, dass der Mandl beiden Tieren die Ohrmarke mit der Kneifzange abgezwickt hatte und mir nun eine Kuh präsentieren wollte, die bei der Erstuntersuchung für eindeutig BANG-frei erklärt worden war.

Trotzdem ging ich auf das Spielchen ein: „Halten Sie bitte den Kopf!“

Früher nahm man Blutproben umständlich aus der Halsvene, heute stach ich die Nadel der Automatikspritze in die Schwanzvene, ließ den niedergedrückten Kolben aus und eine starke Feder zog den Kolben zurück, worauf sich der Glaszylinder mit Blut füllte. Das dauerte keine drei Sekunden. Eine elegante und zeitsparende Methode.

Ich leerte das Blut in ein Probenröhrchen und beschriftete es, in Ermangelung der Ohrnummer, mit einem dicken Filzstift-Einser.

„So, und jetzt nehme ich zur Sicherheit noch eine Probe von der anderen Kuh!“, sagte ich leichthin.

„Wozu?“, explodierte der Mandl. „Die ist kerngesund!“

„Na, wenn sie eh kerngesund ist, dürfte das ja nur eine Formsache sein. Und keine Angst wegen der zusätzlichen Laborkosten! Die zahlt ohnehin das Land! Kopf halten, bitte!“

„So eine Scheiß-Bürokratie“, schimpfte der Mandl, „und am Ende ist immer der Bauer der Dumme!“

„Wissen Sie, das Ganze dient auch Ihrer Gesundheit", meinte ich fröhlich, „weil BANG ist nicht ungefährlich für Menschen. Männer können dadurch sogar impotent werden."

„Impotent?" Der Mandl ließ den Kopf aus, als wäre dieser plötzlich giftig geworden.

„Impotent!", nickte ich bestätigend. Das war natürlich nicht ganz korrekt, die Hodenentzündung konnte zur dauerhaften Unfruchtbarkeit führen, nicht jedoch, dass man keinen mehr hochkriegte.

Aber die Unfruchtbarkeit wäre für den Mandl keine Abschreckung gewesen, im Gegenteil, weil er ohnehin bereits für zwei ledige Kinder einen Haufen Alimente berappen musste. Die Vorstellung von Impotenz hingegen war für einen testosterongesteuerten Burschen wie ihn der reinste Albtraum.

Er rannte zum Wasserhahn und rubbelte dort die Hände wie verrückt!

„Seife nicht vergessen!", grinste ich und machte, dass ich wegkam.

Einige Tage später hielt ich den Laborbefund in den Händen und wie erwartet, war Kuh Numero eins wieder negativ, Numero zwei dagegen erneut fraglich. Also musste eine dritte und entscheidende Untersuchung in einigen Wochen erfolgen.

Diesmal rief ich jedoch den Kollegen Amtstierarzt an und klärte ihn über die Umstände der seltsamen Röhrchenbeschriftungen auf.

„Diesmal nimmst aber Du die letzte Probe!", verlangte ich.

„Na schön", seufzte er, „dann lass' ich halt meine morgige Einladung zur Neueröffnung der Landwirtschaftsschule sausen und fahre hin! Dabei haben die dort immer so ein gutes Büffet, die Mädeln in der Küche kochen hervorragend!", setzte er vorwurfsvoll hinzu.

Der dritte Befund lautete ebenfalls auf fraglich, daher war die Sache klar. Die Kuh musste zum Schlachter und hernach würde die Hof-Sperre aufgehoben.

Der Kollege Amtstierarzt setzte mich davon in Kenntnis.

„Aber sag' einmal, was hast Du mit dem Mandl angestellt? Der war ja ganz zahm und zuvorkommend. Sogar dicke Handschuhe hatte er sich übergestreift, damit er die Kuh besser halten konnte, wie er behauptete!"

Ich musste lachen: „Weißt Du, wir Tierärzte haben schon einen seltsamen Beruf! Vorgeblich kurieren wir Tiere, aber nicht selten behandeln wir auch ihre Besitzer!"

Aller guten Dinge sind drei!

Gewöhnlich heißt es ja: „Essen und Trinken hält Leib und Seele zusammen!"

Dem Schiedaubauern gelang das durch Jammern.

Seit einigen Jahren hatte er seinen Betrieb auf Mutterkuhhaltung umgestellt, nachdem er vorher über die niederen Milchpreise gejammert hatte. Jetzt jammerte er über die seiner Meinung nach zu niedrigen Fleischpreise.

Aber der Volksmund besagt ja: „Wer lange jammert, der lebt lang!"

Wenn das zutraf, gab ich dem Schiedauer mindestens hundert Jahre.

Schon am Telefon konnte ich seine wehleidige Stimme hören, die aber, wie immer, auch einen unterschwelligen Vorwurf gegen die böse Welt durchklingen ließ.

„Herr Doktor, es ist ein Kreuz! Sie müssen kommen und mir die Frieda besamen!"

Nanu, dachte ich, was war denn mit seinem Stier los? Denn normalerweise ließ man in Mutterkuhherden einen Stier mitlaufen, das ersparte die mühselige Arbeit der Brunstbeobachtung, weil so ein Stier schaute, schon aus blankem Eigeninteresse, genauer hin als der Bauer.

Der Schiedau-Hof trug seinen Namen nach dem kleinen Auwald, durch den die Zufahrt hindurchführte. Die Schiedau bildete den letzten Rest einer wesentlich größeren derartigen Landschaftsform zu den damaligen Zeiten, als die Ache noch nicht reguliert worden war und in unregelmäßigen Abständen das Gebiet überschwemmte.

Im Sommer war es nicht geraten, die Strecke durch die Au zu nehmen, weil dann Rinder und Pferde dort weideten und man vor lauter geschlossener Gattertore kaum vorwärtskam.

Jetzt aber im beginnenden Frühling war der Weg noch hindernisfrei und so hielt ich kurz das Auto an, ließ das Wagenfenster herunter und genoss für einige Augenblicke die erwachende Natur. Sämtliche Baumkronen leuchteten schon in hellem, frischem Grün, von allen Seiten war fröhliches Vogelgezwitscher zu hören und ein munteres Eichhörnchen hüpfte an mir vorbei. Von irgendwo schallte der entfernte Ruf eines Kuckucks.

Alles strotzte vor Lebensfreude, sogar ich, aber nur bis zu dem Moment, da ich mich dem Schiedaubauern gegenübersah.

„Hoffentlich kommen Sie nicht zu spät, die Frieda ist gestern schon gestanden!“, fing er sein Geraunze an.

„Sie haben ja erst vor einer halben Stunde angerufen!“, verteidigte ich mich. Mit „gestanden“ ist gemeint, dass die Kuh zu dem Zeitpunkt in der Duldungsphase gewesen war und somit deckbereit für den Stier. Bei der künstlichen Besamung sollte man sowieso erst frühestens zwölf Stunden später die Prozedur vornehmen, da das Sperma infolge des Gefrierprozesses bereits vorgereift war, im Gegensatz zum Frischsamen, der einige Zeit zur Befruchtungsfähigkeit in der Scheide verweilen musste.

„Schon, aber die Frieda ist ja schon vorgestern am Abend gestanden!“

Aha, gestern war Sonntag gewesen und der alte Raunzer hatte nicht den Feiertagszuschlag bezahlen wollen.

Er führte mich in den Stall und zeigte auf eine große, aber ziemlich magere Kuh. Rippenscheinig nennt man das in unseren Breiten.

„Das ist sie! Dreimal habe ich sie schon mit dem Stier zugelassen, aber das Luder nimmt nicht auf. Deshalb habe ich mir gedacht, probierst du es einmal mit der künstlichen Befruchtung!“

Schon beim Hinschauen bemerkte ich einen leichten Scheidenausfluss, der ein wenig mit Eiterflocken durchsetzt war.

„Hat sie sich nach der Geburt ‚geputzt?‘“ Übersetzt hieß dies: Ist die Nachgeburt rechtzeitig abgegangen?

„Weiß ich nicht! Es ist aber noch ein paar Wochen lang so ein Zeug davongegangen!“

Obwohl mir die Sache glasklar war, streifte ich einen Rektalhandschuh über und begann die gynäkologische Untersuchung.

„Ihre Frieda hat eine leichte Gebärmutterentzündung! So kann sie nicht trächtig werden. Sie hätte kurz nach dem Kalben behandelt gehört. Jetzt ist die Sache leider chronisch geworden! Eine Besamung hätte überhaupt keinen Sinn!“

„Kann man da gar nichts machen?“, raunzte der Schiedauer. „Sie ist zwar nicht mehr die Jüngste, aber ein Kalb hätte ich doch noch gern von ihr!“

„Naja, zuerst braucht sie dringend eine Gebärmutterspülung und in ein paar Tagen eine antibiotische Einlage!“

„Und dann nimmt sie wieder auf?“

„Garantieren kann ich's natürlich nicht, aber die Chancen stünden auf alle Fälle besser als so.“

Der Schiedauer presste die Lippen zusammen, ehe er im klagenden Tonfall sagte: „Dann probieren wir es halt! Wenn ich sie so zum Schlachter bringe, krieg ich auch nichts!“

Also goss ich ein wenig Spülmittelkonzentrat in die Infusionsflasche, verdünnte es mit lauem Wasser, steckte den Gummischlauch an, führte einen langen Uteruskatheder in die Gebärmutter und ließ die Flüssigkeit hineinlaufen. Während ich dies tat, begann die Frieda laut und wohlig zu brummen. Sichtlich genoss sie die Wärme in ihrem entzündeten Organ.

Anschließend schüttelte ich die Gebärmutter kräftig durch und zahlreiche geronnene Eiterpatzen kamen zum Vorschein.

„Das war's für heute!“ Ich packte meine Sachen zusammen und stieg ins Auto. „Am Freitag komme ich wieder wegen der Einlage!“

Im Rückspiegel konnte ich noch die Grimasse vom Schiedauer erkennen, welche aussah, als würde er sich gleich nach meiner Wegfahrt erhängen.

Nachdem ich, wie versprochen, die Frieda noch einmal antibiotisch behandelt hatte, hörte ich vom Schiedauer wochenlang nichts mehr. Von wegen künstliche Besamung! Der eigene Stier war halt billiger.

Aber nach zwei Monaten war der Schiedauer wieder am Telefon: „Ich hätte gerne bei der Frieda eine Trächtigkeitsuntersuchung!“

Obwohl ich selbst gespannt war, ob meine Behandlung von Erfolg gekrönt war, ließ ich ihn einige Tage lang dunsten.

Das gab er mir bei meinem Eintreffen unmissverständlich zu hören: „Na endlich! Ich habe schon geglaubt, Sie kommen überhaupt nicht mehr!“

„Gut Ding braucht Weile, Sie kennen doch das alte Sprichwort!“, entgegnete ich vergnügt, weil er sich ärgerte.

„Ich halte nichts von alten Sprichwörtern!“

„Das ist aber schade! Weil es ja auch heißt: Dem Glücklichen schlägt keine Stunde!“

„Zuerst müssen wir erst einmal schauen, ob wir Glück haben!“ Merke: Jammerer sind immer auch skeptisch!

Wir hatten aber!

Mit der rektalhandschuhbewehrten Hand ertastete ich unzweifelhaft durch die dünn gewordene Gebärmutterwand Eihäute, was ein sicheres Zeichen dafür war, dass die gute Frieda in sieben Monaten ein Kalb erwarten durfte.

Mit satter Befriedigung teilte ich dem Schiedauer den positiven Befund mit.

Und seine Antwort? „Das ist die erste gute Nachricht, die ich von Ihnen bekommen habe!“

Mir fiel das siegessichere Lächeln aus dem Gesicht: „Wenn Sie mich in Zukunft früher rufen täten, würden Sie von mir vielleicht öfters gute Nachrichten erhalten!“

Zur Strafe für die Frechheit verursachte ich einen kleinen Aderlass in seiner Geldbörse und dachte: ‚So, jetzt hast Du einen wirklichen Grund zum Jammern!‘

Auf dem Rückweg durch das Auwäldchen legte ich wieder einen kurzen Halt ein, stieg aus und ging an das Ufer der Ache. Ich brauchte etwas Erbauliches zur Beruhigung meiner Gemütsverfassung. Die seidige Luft roch noch immer nach frischem Frühling, im klaren Wasser unter mir schoss gerade eine im Sonnenlicht glitzernde Forelle unter einen Stein, auf dem Baum hinter mir klopfte ein farbenprächtiger Buntspecht sein Stakkato in die Rinde, die Krokusse leuchteten im hellen Blau und lockten die ersten Bienen an.

'Was hat die Natur im Laufe der Zeit nicht für herrliche Geschöpfe hervorgebracht, seien es Tiere oder Pflanzen', dachte ich, 'nur bei Leuten wie dem Schiedauer hat sie gänzlich versagt.'

Das einzig Sympathische an ihm war, dass er sich jetzt höchstwahrscheinlich beleidigt zeigen und mich nicht mehr so schnell rufen würde.

Im Dezember war es dann wieder soweit!

„Die Frieda soll erst in einer Woche kälbern, aber sie hat schon so einen Riesenbauch!", greinte es mir aus dem Handy ins Ohr.

„Sonst geht es ihr gut?", wollte ich noch fragen, aber da hatte er schon aufgelegt, aus Angst vor der Telefonrechnung.

Die Schied-Au präsentierte sich diesmal, der Jahreszeit gemäß, einigermaßen trostlos. In Nebel eingehüllt, es hatte bisher noch nicht viel geschneit, sondern mehr geregnet, kahle Bäume ringsherum mit schwarzem, vor Feuchtigkeit glänzendem Geäst, auf dem überall mit geplustertem Gefieder Scharen von Krähen hockten und mit ihrem heiseren Krächzen eine Art Friedhofsatmosphäre erzeugten.

Infolge des tagelang gefrierenden Regens war der Weg ziemlich eisig und ich musste höllisch aufpassen, dass mir der Wagen in einer der Kurven nicht aus der Bahn rutschte.

Der Schiedauer passte optisch zur Tristesse des Wetters!

In einen alten Anorak gehüllt, aus dessen Ärmelrissen bereits die Watte hervorquoll, die Kapuze übergezogen, sodass ich nur seine gerötete Nase sehen konnte, stand er im Nieseln und wartete auf mich.

Als ich ausstieg, lautete seine Begrüßung: „So eine Wampe hat sie“, und breitete anschaulich die Arme aus, dass zu befürchten stand, dass er sich die Schultern auskugelte.

‚Nur nicht übertreiben‘, dachte ich.

Aber als ich dann Frieda sah, fuhr mir doch der Schreck in die Glieder!

Ihre linke Bauchseite zeigte eine abartig birnenförmige Wölbung, die sich auch nach unten erstreckte.

„Sehen Sie, was ich meine?“, frug der Schiedauer.

Um das zu übersehen, hätte man stockblind sein müssen.

„Ja leider! Das ist ein Bauchwandbruch!“

„Bauchwandbruch? Was soll das heißen?“

„Na durch das Gewicht des Kalbes ist die Bauchmuskulatur gerissen. Sie haben ja selbst gesagt, dass die Frieda nicht mehr die Jüngste ist. Eine altersbedingte Gewebsschwäche.“

„Und was tun wir jetzt?“ Der Schiedauer hatte wieder seinen Jammerton, allerdings trug mein Achselzucken auch nicht zu seiner Beruhigung bei!

„Ich kann nur versuchen, die Geburt einzuleiten, damit die Belastung für die Bauchdecke weniger wird. Weil durch die Bewegungen des Kalbes wird der Riss immer größer!“

Da der Schiedauer darauf nichts sagte, nahm ich das als Zustimmung und spritzte der Frieda das entsprechende Hormon: „So, in vierundzwanzig bis sechsunddreißig Stunden ist es soweit. Ich muss aber darauf hinweisen, dass es Komplikationen geben kann!“

So einen Fall hatte ich nämlich schon einmal gehabt. Da war die Gebärmutter soweit aus dem regulären Bauchraum verlagert gewesen, dass das Kalb wie im Beiwagen eines Motorrades gelegen hatte und nicht in den Geburtskanal gelangen konnte. Und mir war es unmöglich gewesen, die Frucht mit den Händen zu fassen, so lange Arme besaß ich nicht.

Dass damals ein Kaiserschnitt notwendig gewesen war, sagte ich dem Schiedauer lieber nicht, weil ich im Moment für seine Raunzerei aus Sorge nicht die nötigen Nerven hatte.

Zwei Tage später, die Geburt hatte in dieser Zeit ja stattgefunden haben müssen, rief ich den Schiedauer an, weil mich der Verlauf natürlich interessierte.

„Drillinge!", rief er ins Telefon. „Die Frieda hat Drillinge bekommen und das ganz ohne die Probleme, die Sie vorhergesagt haben!"

Das war zwar schön, aber die versteckte Kritik ärgerte mich dennoch: „Na bei dem Gewicht wundert mich der Bauchwandbruch nicht mehr! Das sind ja mindestens hundertfünfzig Kilo! Jedenfalls darf die Kuh unter keinen Umständen noch einmal trächtig werden. Sie müssen sie, sobald die Kälber entwöhnt sind, leider ehestmöglich schlachten lassen!", antwortete ich barsch und legte auf, bevor die Jammerei von Neuem losging.

Mir war zwar leid um die gute Frieda, aber mit so einem gewaltigen Bruch konnte man sie nicht herumlaufen lassen. Und eine teure Operation kam auch nicht in Frage, weil der Ermüdungsprozess des Gewebes keine großen Erfolgsaussichten versprach und die Gefahr eines Rezidivs durchaus bestand.

Aber es dauerte gar nicht so lange. Eine Woche später war der Schiedauer am Apparat: „Die Frieda frisst seit gestern nichts mehr!", klagte er.

Jetzt sah ich zum ersten Mal die drei Missetäter. Sie lagen gemütlich im Stroh und wussten nicht, was sie unschuldigerweise ihrer Mutter angetan hatten.

Der Kuh ging es nämlich ziemlich schlecht. Sie hatte hohes Fieber und, sobald ich auf die Bruchstelle drückte, zuckte sie zusammen und versuchte, nach mir zu treten.

„Ich fürchte, die Bauchmuskulatur wird nekrotisch und hat sich entzündet. Da ist nichts zu machen!“ Mir war klar, was jetzt folgen würde.

„Also Metzger?“

„Leider nein! Mit dem Fieber gibt es nur eine Lösung und die heißt Tierkörperverwertung!“

„Aber dann bekomme ich ja überhaupt nichts und muss die Kälber zusätzlich mit der Flasche aufziehen!“

„Ja, dafür haben Sie drei gesunde Kälber, so wie Sie es sich gewünscht haben!“

„Sie sind gut! Ich wollte ein Kalb und eine gesunde Kuh!“

„Das Leben ist nicht immer ein Wunschkonzert!“, konterte ich trocken und verabschiedete mich.

Nun wusste ich auch, warum der Schiedauer nichts von alten Sprichwörtern hielt, weil beim Hinausgehen hörte ich ihn noch jammern: „Und da heißt es immer: Aller guten Dinge sind drei!“

Ein rätselhafter Fall

Die ideale Pferdegeburt soll zügig vonstattengehen und ebenso zügig soll der Abgang des „Helms“ erfolgen. Darunter ist hierzulande die Nachgeburt bei Stuten gemeint.

Warum sie so heißt, entzieht sich mir als altem Wiener bis heute die Kenntnis, bis ich in unsere Gegend kam, hatte ich nämlich darunter etwas gänzlich anderes verstanden und bin heute noch froh, dass der Helm, den ich beim Bundesheer getragen hatte, aus einem anderen Material gewesen war.

Eine Nachgeburtsverhaltung oder auch *Retentio* beim Pferd ist eine sehr ernstzunehmende Geschichte und muss daher möglichst rasch angegangen werden, da sonst eine massive Infektion und Intoxikation droht, die entweder zur gefürchteten Hufrehe oder gar zu einer Blutvergiftung führt.

Deshalb war ich alarmiert, als mich der Eichgrabner am frühen Morgen aus meinem letzten Schlummer weckte, um mir mitzuteilen, dass eine seiner Stuten, die Karla, heute gegen Mitternacht ein hübsches weibliches Fohlen geworfen hatte, aber sich bis zur Stunde noch nicht „geputzt“ hätte.

Ich blinzelte schlaftrunken auf den Wecker neben meinem Bett: sechsuhrfünfzehn!

„Gut“, murmelte ich, „nur noch einen schnellen großen Espresso, dann komme ich!“

„Tut mir leid, Herr Doktor, aber ich muss jetzt zuerst einmal ins Spital!“

Irgendwie war ich noch immer nicht ganz munter: „Habe ich gerade Spital verstanden?“

„Ja leider!“, bestätigte er und klärte mich auf. Länger als eine Woche hat er die Nächte, auf einer alten Matratze dösend, verbracht, um nur ja nicht den Augenblick zu verpassen, an dem das

Fohlen entweder von selbst herausschlüpfte oder er notfalls Hilfestellung leisten musste.

So etwas ist natürlich nicht besonders erholsam, bei jedem kleinen Geräusch war er aufgeschreckt, und als nun die Geburt problemlos verlaufen war, war auch die Anspannung von ihm gewichen. Und weil er von Haus aus einen zu niederen Blutdruck durchs Leben schleppte, hatte er das Gleichgewicht verloren und war mit dem Schädel gegen den Metallriegel von der Pferdebox geknallt.

Die Blutung hatte er sich mit kalten Kompressen selbst gestillt, aber nun musste die Platzwunde genäht werden, und da unsere verehrten Humankollegen im Gegensatz zu uns Tierärzten zu dieser Uhrzeit noch nicht greifbar waren, blieb nur die Krankenhausambulanz.

Das sah ich ein, obwohl ich ihn ebenso zusammenflicken hätte können, aber natürlich nicht durfte.

„Also schön, auf die paar Stunden wird es nicht ankommen“, grummelte ich, „rufen Sie mich halt an, sobald Sie wieder daheim sind!“

Kurz vor Mittag meldete er sich. „Ich bin wieder da“, rief er, „aber die Karla hat sich mittlerweile ‚geputzt‘!“

„Umso besser! Trotzdem werde ich zur ‚Jause‘ kommen, um sie antibiotisch abzudecken und ihre Gebärmutter zu spülen!“

Wenn jetzt jemand glauben sollte, ich hätte mich selbst zu einer Brotzeit eingeladen, so irrt er. Zur „Jause“ beschreibt hierorts einen späteren Nachmittagstermin, während das Gleiche im Pinzgau „zum Untern“ heißt. Man sieht, Fremdsprachenkenntnisse sind für einen Landtierarzt unerlässlich.

„Spritzen können Sie die Karla natürlich, aber mit der Spülung schaut es schlecht aus! Ich bin nämlich allein!“

Das war wirklich schlecht, weil man dafür mindestens zwei Helfer benötigt. Einen, der die Stute am Halfter fixiert, und einen zweiten, der den Schweif zur Seite drückt und die Flasche mit der Spülflüssigkeit hoch in die Luft hält.

„Gut, dann behandle ich die Karla heute erst einmal prophylaktisch und morgen Vormittag schauen Sie, dass wir genügend Leute beisammenhaben!"

Der Eichgrabner betrieb ein kleines Gasthaus, das hauptsächlich durch Patienten der in unmittelbarer Nachbarschaft gelegenen Kur- und Heilanstalt von der Bauernkrankenkasse frequentiert wurde. Und letzteres nicht zu knapp. Ich hatte mich schon anlässlich früherer Visiten gewundert, was die leidende Menschheit so alles hinuntersäuft.

Gegenüber lag das uralte Stallgebäude, welches früher Rinder beherbergt hatte und in dem der Eichgrabner nun seine drei Rösser hielt.

Die Karla machte einen putzmunteren Eindruck, weil sie, um ihr Fohlen zu beschützen, sofort die Ohren anlegte und uns den Hintern zudrehte.

Trotzdem gelang es dem Eichgrabner nach mehreren Versuchen, das Halfter zu fassen, damit ich der Stute das Antibiotikum spritzen konnte. Das Pflaster auf seiner Stirn schien ihn nicht weiter zu beeinträchtigen.

„So, damit ist sie für vierundzwanzig Stunden gegen eine Infektion abgedeckt! Aber morgen müssen wir sie sicherheitshalber spülen, weil kleine Reste oder eine Unsauberkeit bestimmt noch in der Gebärmutter verblieben sind."

Der Eichgrabner nickte: „Schön, dann werde ich meine Tochter und den Schwiegersohn verhaften! Vielleicht kann der sich da endlich einmal nützlich machen!"

Irgendwie beschlich mich das Gefühl, dass er mit der Partnerwahl seines Kindes nicht besonders überglücklich war.

Als ich am nächsten Vormittag am Hof eintraf, war die Hilfstruppe bereits versammelt. Also auf mich machte der Schwiegersohn keinen üblen Eindruck, aber das scheint bei manchen Vätern der Fall zu sein, dass sie sich einen Märchenprinzen erwarten, auch wenn er keine Krone trägt.

Der Eichgrabner hob der Karla vorsichtshalber den Vorderhuf auf, damit sie nicht ausschlagen konnte, und ich begann meine Arbeit. Zuerst muss man ein paar Liter Salzwasser in den Uterus laufen lassen und dieses dann immer wieder abhebern, so als würde man über einen Schlauch Benzin klauen. Zu meiner Verblüffung war das, was zurückfloss, im Gegensatz zu der üblichen dunkelroten Brühe, nur leicht rosa gefärbt. Nachdem der Zehn-Liter-Eimer leer war, verpasste ich Karla noch einmal eine Dosis Antibiotikum: „So, das dürfte reichen!"

„Na Gott sei Dank", stöhnte der Eichgrabner und stellte das Vorderbein behutsam ab, „noch fünf Minuten länger und ich hätte für meinen Rücken auch eine Spritze gebraucht."

„Tja, ein Rücken kann drücken, besonders beim Bücken!", legte ich eine kleine Blitzdichtung zum Abschied hin. Beruhigt fuhr ich davon und widmete mich den übrigen Visiten des Tages.

Darum traf es mich wie ein Donnerschlag, als der Eichgrabner am nächsten Morgen anrief:

„Die Karla hat Fieber!"

„Wie? Was? Was heißt Fieber?"

„Na neununddreißig neun ist doch Fieber, oder?"

Neununddreißig neun war sogar ein verdammt hohes Fieber für ein Pferd, vor allem für eine Rösselstute nach der Geburt.

Völlig konsterniert raste ich zum Eichgrabenhof. Die Stute zeigte sich heute von der matten Seite und ließ sich daher leichter einfangen. Ich schob ihr mein Thermometer hinten hinein, und als es piepste, zog ich es heraus und las ab: vierzigkommaeins!

Verflucht, wie konnte das sein? Mit der Antibiotikadosis wäre die Karla, hätte sie einen Stehkragen getragen, bis dorthin und darüber hinaus abgefüllt gewesen! Und das Medikament hatte sich in solchen Fällen stets bewährt und mich bis dato nie im Stich gelassen.

„Vielleicht ist doch noch ein Rest von der Nachgeburt zurückgeblieben!", versuchte ich eine zaghafte Erklärung, obwohl ich selbst nicht daran glaubte. „Wir werden sicherheitshalber noch einmal eine Spülung vornehmen!"

„GERTI! FRANZ!!", brüllte der Eichgrabner Richtung Wirtshaus, sodass einige Hendln erschreckt hochflatterten.

„Was schreist Du denn so?", streckte die Tochter den Kopf aus dem Fenster.

„Rauskommen! Wir müssen die Karla noch einmal behandeln!"

„Aber es sind doch schon ein paar Gäste da!"

„Das ist mir wurscht. Das hab' ich schon gern! Auf Kur sein und in der Früh schon mit dem Saufen anfangen! Die Stute ist wichtiger!"

Ich wiederholte die Prozedur vom Vortag, aber kein einziger Gewebsfetzen kam zum Vorschein, die Spülflüssigkeit, die aus der Vagina herausfloss, war so klar, dass man sie als Gasteiner Mineralwasser hätte verkaufen können, abzüglich vielleicht des Geschmacks.

Diesmal spritzte ich der Stute sogar eine Antibiotikakombination, um nur ja auf Nummer sicher zu gehen.

Trotzdem rief mich der Eichgrabner am nächsten Tag schon in aller Herrgottsfrüh an, mit mittelschwerer Verzweiflung in der Stimme: „Die Karla hat schon wieder 40 Grad Fieber und geht so starr!"

Es war zum Haareraufen. Allerdings hätte das bei meinen wenigen verbliebenen nicht viel gebracht, daher verzichtete ich darauf und fuhr so rasch wie möglich zum besagten Sorgenkind.

Unterwegs überlegte ich: Der Eichgrabner hatte was von „starr" gesagt! Konnte es vielleicht Starrkrampf sein? Pferde sind ja gegen den Tetanuserreger äußerst empfindlich, daher muss man bei jeder Verletzung bzw. nach Operationen ein Serum verabreichen, sofern das Tier dagegen nicht aktiv immunisiert war. Aber ich hatte der Karla erst im letzten Herbst, als sie von der Alm wieder heruntergekommen war, ihre Auffrischungsimpfung verabreicht. In der Beziehung war der Eichgrabner sehr gewissenhaft.

Deshalb war glücklicherweise vom Tetanus auch keine Rede, sobald ich einen Blick auf die Stute geworfen hatte. Allerdings bot sich mir trotzdem kein ermutigendes Bild. Die nach vorne gestellten Vorderbeine und die unter den Bauch geschobenen Hinterbeine des Pferdes waren das untrügliche Zeichen einer veritablen Hufrehe! Unsauberkeiten in der Gebärmutter nach der Geburt konnten durchaus dazu führen, man spricht dann von Geburtsrehe.

Aber wie zum Teufel konnte das nach der intensiven Behandlung passieren?

Diese Frage stellte ich mir selbst klarerweise, aber leider mit einiger Berechtigung auch der Eichgrabner.

„Es ist mir, ehrlich gesagt, ein Rätsel!", gestand ich fast kleinlaut. Hier machte sich natürlich meine langjährige Praxis bezahlt, für einen Jungtierarzt wäre ein solches Bekenntnis nicht sehr hilfreich auf seinem weiteren Weg gewesen, aber einem alten Routinier wie mir sah man es schon hie und da nach, wenn er nicht auf alles gleich die passende Antwort hatte.

„Zuallererst müssen wir schauen, dass wir die Hufrehe in den Griff bekommen!", lautete daher meine ausweichende Antwort.

Früher hatte man rehekranke Pferde mit einem Aderlass zu kurieren versucht und sie zwecks Kühlung der entzündeten Hufe stundenlang in einen Bach gestellt. Heute hat man moderne Entzündungshemmer inklusive Kortison zur Verfügung. Trotzdem machte ich mir Sorgen. Mein Standardspruch lautet nämlich „der Huf hat ein Gedächtnis" und die Erfahrung lehrt, dass Tiere, die einmal an Hufrehe litten, gerne später ein Rezidiv erfahren, sei es während der nächsten Trächtigkeit, sei es durch eiweißreiches Weidefutter.

Außerdem sollte eine Hufrehe binnen drei Tagen ausgeheilt sein, andernfalls war mit einer völligen Gesundung kaum zu rechnen.

Zumindest in diesem Punkt erwies sich Karla als dankbare Patientin. Ich hatte am Mittwoch die Behandlung begonnen, am Donnerstag fortgesetzt und am Freitag hätte man sie bereits, von der Bewegung her gesehen, bei jeder Pferdeschau vorführen können.

Ich war hochbefriedigt.

Bis der Eichgrabner am Samstag am Telefon war: „Herr Doktor, ich habe mit einem alten Rossbauern gesprochen, der gemeint hat, wir sollten die Karla zur Sicherheit noch einmal spülen!"

Langsam bekam ich ein ähnliches Gefühl wie Zahnschmerzen! Ich habe zwar für gewöhnlich überhaupt nichts dagegen, im Gegensatz zu manchen Kollegen, wenn Tierbesitzer ihre Vermutung zu Patienten äußern, immerhin haben sie ja das Tier unter ständiger Beobachtung und die Diagnose muss am Ende schließlich doch ich stellen. Aber wenn ein Außenstehender mit guten Ratschlägen für die Hausfrau daherkommt und einem meiner Bauern einen Floh ins Ohr setzt, reagiere ich allergisch.

„Hat die Karla wieder Fieber?"

„Nein, sie schaut eigentlich ganz gesund aus!"

„Warum, zum Kuckuck, soll ich sie dann noch einmal spülen? Sie war doch schon beim letzten Mal sauber wie ein frisch gewickelter Babyhintern!"

Der Eichgrabner ließ aber nicht locker: „Wie heißt es doch so schön? Alle guten Dinge sind drei!"

Ich überlegte! Es hieß ebenso schön: Wer zahlt, schafft an!

Aber noch schöner klang: Wer anschafft, der zahlt! Ich war eben im Laufe meines langjährigen Umgangs mit Bauern ein wenig philosophisch geworden.

Also setzte ich mich ins Auto.

Da ich jedoch den Sinn der Aktion nicht recht einsehen wollte, brauchte ich mich auch nicht zu hetzen, sehr zur Enttäuschung der zwei uniformierten Kameraden, die hinter dem Bus-Wartehäuschen in Lauerstellung lagen und, wie immer, sobald sie meinen Wagen erkannten, hoffnungsvoll das Radargerät an das Auge des Gesetzes drückten.

Nur diesmal hatten sie sich verrechnet.

Ich konnte an ihren bestürzten Gesichtern, als ich gemütlich an ihnen vorbeifuhr, die Frage ablesen, was aus der Welt denn noch werden sollte, wenn sich jetzt sogar schon die Tierärzte an das Tempolimit hielten.

Fast hätte ich den beiden tröstend zugewunken.

Der Eichgrabner und seine Hifstruppe warteten schon auf mich. Ich konnte mir beim besten Willen nicht vorstellen, dass in Karlas Gebärmutter noch irgendeine Unstimmigkeit vorherrschte.

Trotzdem frug ich, während ich in den Gummimantel schlüpfte, so nebenbei: „Sie werden ja sicher den Helm aufgelegt und kontrolliert haben?"

Diese Maßnahme war früher, als es noch keine Antibiotika gab, für jeden Pferdebesitzer selbstverständlich. Aber auch heute schadet so ein Blick auf die Nachgeburt nicht. Sie schaut nämlich aus wie eine lange, allerdings asymmetrische Unterhose. Dabei war es wichtig, dass die „Hosenbeine" am unteren Ende geschlossen waren. Konnte man nämlich mit dem gestreckten Arm durchfahren, bedeutete das, dass ein Teil abgerissen war und den Uterus versaute.

„Leider nein!", gestand der Eichgrabner.

„Und warum nicht?" Mein Tonfall ließ sich nicht gerade herzlich an.

„Weil es unmöglich war! Wie ich vom Spital heimgekommen bin, war er weg! Sie muss ihn gefressen haben!"

Das Licht, das mir jetzt natürlich aufging, hätte ausgereicht, einen kleinen Sportplatz zu erleuchten, obwohl ich mich am liebsten selbst in den Hintern gebissen hätte, mich nicht gleich danach erkundigt zu haben. Aber bei einem erfahrenen Pferdezüchter wie dem Eichgrabner war ich natürlich davon ausgegangen, dass er diese Kontrolle durchgeführt hatte.

„Konnten Sie mir das nicht von Anfang an sagen?", brach es aus mir heraus.

„Ich habe das nicht für so wichtig gehalten!“

„Sie sind gut! Pferde haben ein ganz anderes Magenmilieu als Fleischfresser! Nicht genügend Magensäure, um so eine Fleischportion zu verdauen. Das Zeug hat zu faulen begonnen und die toxischen Abbauprodukte haben die Hufrehe ausgelöst!“

„Ja aber die Zebras zum Beispiel fressen doch auch die Nachgeburt, um keine Raubtiere anzulocken!“ Der Eichgrabner hat offenbar einmal eine Dokumentation über Afrika gesehen.

„Na, wenn Sie den Unterschied zwischen einer wilden Zebrastute und einem wohlbehüteten Noriker nicht kennen, dann wird aus Ihnen kein zweiter Bernhard Grzimek mehr!“

„Wer?“

„Ein berühmter Zoologe! Aber lassen wir das!“

„Das heißt, wenn Sie das gleich gewusst hätten, hätte Karla keine Hufrehe bekommen?“

„So einfach ist die Sache nicht! Ich kann ihr ja schwer den Magen auspumpen! Und was drin ist, ist halt drin. Aber die unnötige Spülerei hätten wir uns erspart!“

„Das leuchtet mir ein!“ Der Eichgrabner zeigte sich ganz gegen seine sonstige Art ziemlich kleinlaut. Aber dann erhellte sich seine Miene und er schlug mir aufmunternd auf den Rücken: „Na ja, jetzt ist ja alles wieder in bester Ordnung, das muss gefeiert werden! Kommen Sie mit rüber ins Wirtshaus, da werden wir uns zur Abwechslung selbst kräftig durchspülen!“

Ich dachte an die zwei Radarpistoleros hinter dem Wartehäuschen und schüttelte den Kopf: „Mit der Polizei sollst du dich nicht spülen!“ Dieses Wortspielchen musste ich einfach anbringen.

Der Eichgrabner verstand nur Bahnhof und schaute für einen Moment belämmert drein.

Und das war meine kleine Rache.

Ein „Liftboy“

Es gibt ja viele Hunde, deren Namen überhaupt keinen Bezug zu ihnen haben.

Beispielsweise einen „Kranzi“, der nie im Leben einen Kranz getragen hat, nicht einmal bei einer Hochzeit, einen „Rex“, der auch kein König war, oder einen „Bello“, der sich immer schön ruhig verhielt.

Nur bei „Wolli“ war das anders. Als etwas danebengegangene Mischung zwischen einer ungarischen Komondorhündin und einem Bobtail besaß er ein Haarkleid, mit dem man locker drei Hunde ausstatten hätte können.

Zu einem Komondor gehört das Erscheinungsbild, dass sein bräunlich gelbes Fell in dichten und dicken Schnüren den ganzen Körper bedeckt und man somit kaum erkennen kann, wo vorne und hinten ist. Nicht einmal die Beine sind sichtbar. Als ehemalige Hirtenhunde verfügen sie über einen sehr eigenständigen Charakter und das konnte man bei „Wolli“ deutlich feststellen.

Mich traf fast der Schlag anlässlich unserer ersten Begegnung beim Hochstaffelbauern, als diese wandelnde Badematte auf mich losgestürmt kam. Gleich darauf kam auch der Hochstaffel ums Stalleck geschossen: „Wolli! Da komm her! Keine Angst, er tut nichts!“

Wie wenn ich mich schon einmal vor einem Hund gefürchtet hätte. Allerdings erkannte man nicht auf den ersten Blick, dass es sich bei „Wolli“ tatsächlich um einen Hund handelte.

Zum Glück steckte er wenigstens die Zunge heraus, um meine Hand abzuschlabbern, sodass ich mit Gewissheit erkannte, wo vorn und hinten war. Halsband trug er nämlich keines.

„Seit wann sind Sie denn stolzer Besitzer einer wandelnden Wollfabrik?“, frug ich den Hochstaffel.

„Das ist eine saublöde Geschichte! Bei uns haben heuer Ungarn zum Skifahren gewohnt, denen der Hund gehörte!"

Es war mir bekannt, dass in den Ferienzimmern am Hochstaffelhof Haustiere erlaubt waren.

„Und", fuhr der Bauer fort, „am Tag der Abreise war das Vieh verschwunden, der Lauser macht sich nämlich dauernd selbstständig! Seine Leute haben ihn eh gesucht und gerufen, aber er war wie vom Erdboden verschluckt. Dann konnten sie nicht länger warten und haben gemeint, wenn er wieder auftaucht, soll ich ihn solange behalten, bis sie im nächsten Winter wiederkommen. Sie zahlen auch dafür!"

„Trotzdem ganz schön unverfroren! Was ist, wenn sie nächstes Jahr nicht kommen?"

„Dann hab' ich den Scherm auf. Aber den hab' ich sowieso auf, weil die Kinder den Burschen schon in ihr Herz geschlossen und gesagt haben, dass sie den ‚Wolli' unter keinen Umständen mehr hergeben! Sie haben ihm ja auch den Namen wegen seiner Wolle gegeben." Der Hochstaffel seufzte.

„Blöde Situation!", musste ich zugeben.

„Sie sagen es!"

Der einzige, abgesehen von den Kindern, der mit der Situation offenbar sehr zufrieden war, schien „Wolli" zu sein, weil er eines seiner unsichtbaren Beine hob und meinen Hinterreifen ausgiebig begoss.

Jetzt wusste ich auch, wo bei ihm oben und unten war und konnte mich endlich meiner Aufgabe widmen, wegen der ich eigentlich da war.

Ein Kalb, drei Tage alt, litt an starkem Durchfall und trank seine Milch nicht mehr!

Während ich die nötige Infusion vornahm, lamentierte der Hochstaffel weiter: „Die Gemeinde macht mir auch die Hölle heiß, weil der Hund anfangs die Enten im Teich vom Kurpark gejagt hat, bis sich ein paar Leute beschwert haben. Außerdem trägt er kein Halsband. Angeblich soll er ja gechipt sein, aber bei dem Pelz versagt jedes Ablesegerät!“

Die Infusionsflasche war mittlerweile leer und ich zog die Nadel aus der Vene. Und siehe da, das Kalb, das zuvor reglos am Boden gelegen war, hob, wie ich befriedigt feststellte, auf einmal den Kopf.

„Na, dann kann ich Ihnen nur raten, machen Sie es wie das Kalb: Kopf hoch!“

„Sie können leicht reden!“, brummte der Hochstaffel.

Ein paar Wochen später stand er mit „Wolli“ plötzlich im Wartezimmer: „Ich halt's nicht mehr aus! Drum habe ich mir gedacht, ich lass' ihn kastrieren! Vielleicht wird er dann ruhiger und das Rumlaufen vergeht ihm!“

„Wolli“ schien das Gesagte zu verstehen, denn er schüttelte sich kräftig.

Blöderweise goss es draußen in Strömen und mit dem Wasser, das aus seinem Fell in der Ordination herumspritzte, hätte man eine halbe Badewanne füllen können.

Prima, dass die Putzfrau erst vor zehn Minuten gegangen war!

„Tut mir leid, aber ich kann ihn nicht kastrieren!“, sagte ich und wischte mir über das nasse Gesicht!

„Wieso denn?“ Der Hochstaffel fiel aus allen Wolken. „Das werden Sie doch schon einmal gemacht haben, oder?“

„Daran liegt es nicht! Ich darf einfach nicht! Ohne Zustimmung des Besitzers wäre das Sachbeschädigung (eine Frechheit vom Gesetzgeber, ein Lebewesen noch immer als Sache zu benennen) und ich wäre haftbar! Schließlich gehört ‚Wolli‘ ja nicht Ihnen!“

„Na hoffentlich tauchen die verdammten Ungarn noch einmal zum Schiurlaub auf, wie sie's versprochen haben!“, knurrte der Hochstaffel.

Ich glaube, kein Schneemann sehnte so sehr den nächsten Winter herbei, wie das unfreiwillig zum Handkuss gekommene Ersatzherrchen.

Danach blieb „Wolli" tatsächlich ein paar Tage lang zu Hause oder kehrte schon nach kurzer Zeit zurück. Es schien, als hätte die Drohung mit der Kastration gewirkt.

In Wahrheit aber war es den Enten zu dumm geworden, sich dauernd von einem Zottelvieh über das Eis jagen zu lassen und sie übersiedelten kurzerhand in den weiter entfernten Badeteich, von dessen Existenz „Wolli" noch nichts spitz bekommen hatte.

Deshalb langweilte er sich fürchterlich und der Hochstaffel schöpfte schon Hoffnung.

Aber wie ich immer zu sagen pflege: Die Hoffnung ist ein schmackhaftes Frühstück, jedoch ein schlechtes Abendessen!

Unglückseligerweise hatte sich ein weiterer Urlaubsgast vom Hochstaffel, ein Oberösterreicher, dem der Hund leidtat, seiner erbarmt und sich, um den Bauern ein wenig zu entlasten, „Wolli" ausgeborgt und auf die letzte Schitour für dieses Jahr mitgenommen.

Die erste Hälfte der Strecke auf den Berg hinauf nahmen sie die Seilbahn und ab der Mittelstation ging es mit dem komfortablen Doppelsessellift weiter.

„Wolli" saß schön brav auf seinem Platz und schien die Fahrt zu genießen.

Kein Wunder, von Ungarn her kannte er so etwas nicht.

Oben in der Berghütte spendierte der barmherzige Tierfreund seinem vierbeinigen Begleiter zur Belohnung noch eine kleine Hundejause.

Beide genossen sichtlich den kleinen Ausflug.

Aber als der Herr aus Grieskirchen am nächsten Tag Frau und Koffer packte und abrauschte, registrierte „Wolli", dass die gemeinsamen „schönen Tage von Aranjuez", obwohl er Schillers Don Carlos bestimmt nicht kannte, zu Ende waren.

Was jedoch ein echter Ungar ist, findet immer einen Ausweg.

Das kann ich auch allein wiederholen, dachte er in seinem unsichtbaren Kopf und so begann er täglich, sich in die Gondel zwischen die Ausflügler zu drängen und am Sessellift so lange zu warten, bis ein Sitzplatz unbemannt war, auf den er aufsprang, um damit zum Ziel seiner Wünsche zu entschweben. Nämlich die Berghütte, wo er den ganzen lieben Tag zwischen den Tischen herumwuselte und die dortigen Gäste anschnorrte.

Wegen seines drolligen Aussehens hatte er damit auch enormen Erfolg, weil die Leute gespannt waren, welches Ende nach dem Leckerbissen schnappte. Und „Wolli" enttäuschte keinen, ob es ein Stück Speck von der Brettljause oder ein Happen vom Kaiserschmarrn war.

Der Hochstaffel hatte bald von den wegelagerischen Praktiken seines Pfleglings Wind bekommen, aber das war ihm wurscht, solange es keine Beschwerden hagelte.

Aber er sollte bald eines Besseren belehrt werden.

Ich war zufällig anwesend, weil ich gerade die Beine eines widerspenstigen Kalbes sortierte, das sich partout in den Kopf gesetzt hatte, mit dem Hintern zuerst auf die Welt zu kommen, als die Stalltür aufflog und der Chef von der Bergbahn, Herr Engelmeier, hereinmarschierte.

Seinem Gesichtsausdruck nach zu schließen, war er nicht gekommen, um über das strahlende Sommerwetter zu plaudern.

„Ja Rupert", staunte der Hochstaffel, „was machst denn Du da am hellichten Tag? Haben sie Dich endlich rausgeschmissen, hö hö!"

„Das blöde Lachen wird Dir gleich vergehen! So geht das nicht weiter. Dein Hundsvieh fährt dauernd bei uns mit, ohne Leine und Maulkorb! Zuerst in der Gondel und dann im Sessellift!"

„Schmeißt ihn halt raus!"

„Haben wir versucht, aber da fängt er zu knurren an. Manche Fahrgäste fürchten ihn und ein paar von unseren Mitarbeitern auch! Lass ihn gefälligst kastrieren, damit das Herumstreunen aufhört!"

„Wollte ich ja! Aber der Doktor hat gesagt, dass er das nicht darf, weil ich nicht der Besitzer bin und somit kein Verfügungsrecht habe!"

„Dann sperr' ihn ein!"

„Hab' ich probiert, das geht nicht. Sonst jault er die ganze Zeit im Haus und macht unsere anderen Gäste verrückt!"

Ich hatte inzwischen die Steißlage des Kalbes korrigiert und mischte mich in den Disput ein: „Wäre einer der Herren so freundlich, mir jetzt beim Ziehen zu helfen?"

Sogar der Engelmeier schnappte sich einen Fußstrick und mit vereinten Kräften beförderten wir ein gesundes Stierkalb aus der Kuh.

Dann fuhr er sich über die Stirn und verwischte dabei den Fruchtschleim, der ihm an der Hand klebte: „Pass auf! Wenn es nicht anders geht, dann musst Du dem Köter wenigstens eine Saisonkarte lösen!"

Der Hochstaffel fuhr auf wie von der legendären Tarantel gebissen: „Bist Du übergeschnappt? Eine Liftkarte für einen Hund? So weit kommt es noch!"

„Wenn Du Deinen Hund auf einer Bahnfahrt mitnimmst, braucht er auch ein Ticket!", erklärte der Engelmeier mit fester Ruhe.

„Ihr Liftkaiser denkt auch nur ans Geld! Mit einer Karte ist es dann also egal, ob sie die Leute fürchten, Hauptsache, die Marie stimmt!"

„Es geht auch darum, dass einer meiner Mitarbeiter ständig den Dreck hinter Deinem Vieh her putzen muss, das sind Arbeitszeiten, mein Lieber!"

„Kommt doch überhaupt nicht in Frage! Deine Leute stehen doch eh nur den ganzen Tag herum und trinken Bier oder Jagatee im Winter!"

„Spar Dir Deine Verleumdungen! Also schön, wenn Du nicht willst, verständige ich morgen die Bezirkshauptmannschaft, dass Du nicht in der Lage bist, das Tier ordentlich zu verwahren, und die bringen es dann in ein Tierheim. Ob Du es von dort noch einmal zurückbekommst, steht in den Sternen!"

Der Hochstaffel, als ehemaliger Feuerwehr-Schlauchmeister, wusste, wann er den Kürzeren zog: „Ist ja gut! Ich kaufe die verdammte Karte!"

„In Ordnung! Er bekommt eh die Einheimischen-Ermäßigung, obwohl er nicht gerade einheimisch aussieht, und dazu noch den Kinder-Tarif! Aber vergiss es nicht zufällig!"

Sobald der Engelmeier den Stall verlassen hatte, brach es aus dem Bauern heraus: „Dieser aufgeblasene Kerl! Glaubt, dass er wer sonst ist. Und Hunde mag er auch nicht, weil ihn einmal einer gebissen hat. Völlig Recht hat das Vieh gehabt. Hat man so was schon einmal gehört? Eine Liftkarte für einen Hund!"

„Lift Heil", antwortete ich und verabschiedete mich rasch.

Aber trotz des Dauertickets waren die Liftfahrten von „Wolli" nicht von langer Dauer.

Der Liftwart bei der Mittelstation hatte es nämlich gründlich satt, ständig den von „Wolli" benutzten Sitz vor dem nächsten Passagier zu reinigen, deshalb hatte er von daheim einen elektrischen Viehtreiber mitgebracht und dem mittlerweile zwar legalen, aber trotzdem unerwünschten Fahrgast immer einen Stupser gegen die Bauchseite, wo das Fell nicht so kompakt war, verabreicht. „Wolli" reagierte in der gewünschten Weise und verließ jaulend das Gelände.

Nach der vierten, fünften Wiederholung der rüden Behandlung kam er endlich zu der Einsicht, dass er nicht besonders willkommen war und stornierte seine diesbezüglichen Expeditionspläne für alle Zukunft.

„Na, wie macht sich unser behaarter Liftboy?“, frug ich den Hochstaffel scherzhaft, als ich das nächste Mal wegen einer Euterentzündung vorbeischaute.

„Hören Sie mir bloß auf! Seit Neuestem macht der Kerl um jeden Lift einen großen Bogen! Dafür jagt er jetzt wieder die Enten im Kurpark!“

Das vertriebene Wassergeflügel hatte die zwischenzeitliche Erholungsphase dazu benutzt, um wieder in sein angestammtes Revier zu wechseln!

„Na, dafür hat er halt wieder seinen Spaß!“

„Ja“, grantelte der Hochstaffel, „und der größte Spaß daran ist, dass ich ihm extra eine Saisonkarte gekauft habe und sich der Bürgermeister wieder beschwert.“

Augen auf, der Tierarzt kommt!

Am Lorenz-Hof gab es einen neuen Stier!

Ein Prachtexemplar!

Wer die Mentalität mancher Bauern kennt, durfte sich darüber nicht wundern.

Denn sobald der Nachbar einen neuen Traktor gekauft hatte, musste natürlich auch so einer her. Am besten noch größer und teurer. Auch wenn er sich für den eigenen Betrieb als viel zu überdimensioniert herausstellte. Aber Hauptsache, der andere ärgerte sich.

Der Schanzlbauer, ein alter Bauer, der solche Dummheiten nie verstanden hatte, sagte einmal verächtlich zu mir: „Das sind die, die sowieso kein Geld haben und nach dem Kauf ihren Kühen dann das Gras wegfressen müssen, damit sie was zu beißen haben!"

Der Lorenz war so einer.

Nur handelte es sich hier eben um keinen Traktor, sondern um einen Zuchtstier.

Weil der Seidlbauer bei der vorletzten Versteigerung ebenfalls den Champion erworben hatte. Nur dass der Seidl-Hof drei Mal mehr Kühe und Kalbinnen beherbergte und das die Investition somit einigermaßen rechtfertigte.

Aber das war dem Lorenz, dem Neidhammel, egal.

Bei der letzten Versteigerung hatte er dafür einen Mörderpreis hingelegt, den ich auf seine Bitte hin nicht verraten sollte, was aber völlig sinnlos war, denn so etwas sprach sich in der Bauernschaft sofort herum. Vielleicht hatte er aber auch Angst, dass sein Bankdirektor ebenfalls davon erfuhr.

„Na, was sagen Sie zu dem Burschen?", strahlte er über das ganze Gesicht, als ich wegen seiner Kuh Nora, die eine Euterentzündung hatte, bei ihm war. „Er heißt übrigens Lazarus!"

„Nicht übel!", nickte ich anerkennend. „Aber ist das nicht ein aus der Bibel etwas belasteter Name?" Man sieht, dass ich in Religion doch aufgepasst hatte, obwohl der Lehrer stets das Gegenteil behauptet hatte. Ich fürchtete, sollte Lazarus etwas zustoßen, dass ich ihn, trotz meines Namens, nicht wieder von den Toten erwecken würde können.

„Nicht übel? Mit dem Kerl werde ich eine Zucht aufziehen, von der alle reden werden!"

Er ahnte gar nicht, wie Recht er damit hatte.

Als ich am nächsten Tag zur Nachbehandlung von Nora wiederkam, war Lazarus bereits mit Volldampf bei der Arbeit. Allerdings schien die alte Kuh, die er sich anschickte, zu beglücken, nicht sehr beeindruckt vom materiellen Wert ihres Partners, weil sie einfach nicht ruhig stehenbleiben und den Aufsprung nicht dulden wollte, sondern dauernd mit dem Hinterteil auswich. Man kennt das auch vom Menschen, wenn die Dame des Hauses vorgeblich unter Migräne leidet. Der Lorenz, der schon aus Wut und Anstrengung ein rotes Gesicht hatte, versuchte krampfhaft, die Kuh in Position zu halten. Vergeblich!

In solchen Fällen besteht nämlich die große Gefahr, dass der Stier, vor allem ein noch so unerfahrener Jungbulle wie Lazarus, seinen Frustrationsmoment erlebt und die Deckungsbereitschaft auf längere Zeit verweigert.

Da griff der Lorenz zum uralten Bauerntrick. Er führte die Kuh am Strick halb in den Stalleingang hinein, band sie dort fest und klemmte sie mit der Tür ein. Jetzt konnte sie sich gegen die Vergewaltigung nicht mehr wehren und Lazarus kam zu seinem Erfolgserlebnis.

Ab da gab es kein Halten. Der Lorenz protzte überall herum, was der Lazarus nicht für ein toller Stier wäre und mit einer ausgezeichneten Fruchtbarkeit gesegnet wäre, weil jede Kuh gleich beim ersten Mal trächtig geworden sei.

„Na, kein Wunder bei dem Preis!", fügte er immer dazu. Den Preis musste er natürlich jedem unter die Nase reiben. Was dazu führte, dass der Lorenz, von Haus aus nicht der Allerbeliebteste im Tal, sich den geheimen Groll der gesamten Bauernschaft zuzog.

Dazu trug er freilich auch fleißig mit seinem Verhalten bei.

Anlässlich der jährlich stattfindenden Züchterversammlung, bei der ich einen kurzen Vortrag über Sterilität und deren Ursachen hielt, konnte ich den unweit von mir stattfindenden Dialog zwischen dem Hörlbauern und dem Lorenz belauschen.

„Du", sagte der Hörlbauer, „nächste Woche wird wahrscheinlich meine Stasi stierig, die täte ich gerne einmal mit Deinem Stier zulassen!"

„Was fällt Dir ein? Glaubst Du, ich lasse den Lazarus auf jede Wald-und-Wiesenkuh springen? Dazu ist er mir zu schade!"

„Also hör' mal, dem Lazarus wird das doch wurscht sein!"

„Aber mir nicht! Der Lazarus braucht seine Kraft, die werde ich doch nicht verschwenden wegen einer x-beliebigen Kuh!"

„Geh, hör' doch auf mit der Kraft. Du hast selbst mehrere Seitensprünge hinter Dir und Deine Bäuerin hat trotzdem drei Kinder!"

„Also, mein Lieber! Wenn Du damit anfängst, dann kannst Du Deine Absicht von vornherein vergessen!"

Ich musste erstaunt feststellen, dass die Sexualität manches Bauern bisweilen eine enge Korrelation zu der seines Stieres hatte.

Neun Monate nach Lazarus Debüt kam das erste Kalb zur Welt.

Um Dreiviertelfünf Uhr früh riss mich das Telefon aus dem Schlummer!

Es war der Lorenz!

„Kommen Sie schnell, Herr Doktor! Furchtbar! So was habe ich mein ganzes Leben noch nicht gesehen!"

Bevor ich fragen konnte, worin das Furchtbare bestünde, hatte er schon aufgelegt.

Karin rollte sich verschlafen im Bett herum: „Was ist denn jetzt schon wieder so furchtbar?"

„Zumindest die Uhrzeit!", antwortete ich trocken.

Am Lorenzhof fühlte ich mich in Grimms Märchen versetzt, weil der Bauer wie das Rumpelstilzchen vor dem Stall hin und her hüpfte.

„Was ist denn, um Himmels Willen, los?" Ich hatte Angst, dass er einen Herzschlag bekommen könnte, so wie er sich aufführte.

„Ein Wahnsinn, ein Wahnsinn, ein Wahnsinn!", japste er, packte mich am Ärmel und schleifte mich in den Stall!

„Die Wilma hat vor einer halben Stunde gekälbert, ein Kuhkalb, und jetzt schauen Sie sich das an!"

In der Box lag ein geflecktes Kalb, noch nass vom Fruchtwasser, mit dem Rücken zu mir.

Also auf den ersten Blick konnte ich nichts Aufregendes entdecken. Aber als ich hineinging und den Kopf zu mir drehte, stockte mir der Atem. Das Tier war eindeutig blind, weil die Augäpfel aus zwei weiß-grauen Murmeln bestanden. Aber das war noch nicht das Schlimmste! Mitten aus den Augäpfeln wuchsen dicke schwarze Wimpern heraus, fünf auf der rechten Seite, links sogar sechs!

Die Medizin kennt das Missbildungsphänomen, wenn Wimpern gegen die Augen hineinwachsen, unter dem Begriff Trichiasis, aber direkt aus den Augen heraus, das war mir neu.

„Was tun wir denn da?", jammerte der Lorenz.

„Also lassen können wir das so nicht. Das Kalb muss irre Schmerzen haben, man weiß ja, wie unangenehm es ist, ein Haar in den Augen zu haben. Und irgendwann wird sich das Ganze entzünden. Man könnte natürlich die Augäpfel herausoperieren, weil sehen kann das Kalb ja doch nichts."

„Das würde ganz schön teuer sein, oder?"

„Ich habe keine Ahnung, weil ich so etwas noch nie gemacht habe!", gestand ich.

„Nein, da gebe ich einen Haufen Geld für die Operation aus und habe dann trotzdem ein blindes Kalb, welches ich nicht auf die Alm geben kann, sondern den ganzen Sommer über im Stall behalten muss. Und im Herbst geht es dann sowieso zum Metzger! Da tue ich es lieber gleich weg!"

Mir tat das Neugeborene zwar leid, aber gegen die Argumentation vom Lorenz war vernünftigerweise nichts zu sagen. Als Großtierpraktiker ist man halt manchmal den unerbittlichen wirtschaftlichen Zwängen unterworfen.

Ich tätschelte dem armen Kalb zum Abschied noch einmal das Köpfchen.

Meine Güte, was für Wimpern! Jede Hollywood-Diva hätte es darum beneidet, allerdings an der richtigen Stelle.

Karin frug mich am Abend, als ich, mit Pfeife und Cognac bewaffnet, neben ihr auf der Terrasse Platz genommen hatte, um den Sonnenuntergang zu genießen und meine innere Aufgewühltheit abzuschütteln: „Und warum hast Du das Kalb nicht kostenlos operiert? So aus Tierliebe?"

„Hätte ich wahrscheinlich getan", verteidigte ich mich, „aber ich kann nicht gegen den Willen des Bauern entscheiden. Und die Umstände, die so ein Blindling verursacht, habe ich Dir ja geschildert!"

Karin schüttelte den Kopf: „Also manchmal kann Dein Beruf echt grausam sein!"

Da hatte sie Recht.

Drei Wochen später erblickte der nächste Lazarus-Sprössling das Licht der Welt!

Von Erblicken konnte allerdings keine Rede sein, weil dieses Kalb, es war ein männliches, besaß überhaupt keine Augäpfel! Die Lider bildeten zwei schmale Schlitze, und wenn man diese etwas erweiterte, sah man innen etwas Fleischiges.

Der Lorenz war verständlicherweise einem Kollaps nahe: „Wie kann's denn so was geben? Das darf doch nicht wahr sein!"

Ich kratzte mir den Bart, während ich noch krampfhaft überlegte, wie ich dem Bauern die Hiobsbotschaft am schonendsten beibringen würde: „Tja, ich fürchte, Ihr teurer Lazarus vererbt Missbildungen am Auge! Solche Zuchtfehler kommen bisweilen vor! Als ich noch auf der Besamungsanstalt in Gleisdorf war (siehe Band 1, „Mit der Kuh auf Du"), hatten wir einen vielversprechenden Jungstier namens Hermes, bis sich herausstellte, dass ein Großteil seiner Nachkommen überhaupt keinen Schwanz oder nur einen kümmerlichen Stummel besaßen! Er wurde natürlich sofort aussortiert!"

Der Lorenz zeigte jedoch begreiflicherweise wenig Interesse am Schicksal von Hermes, er fixierte mich mit ungläubigem Blick und frug: „Sind Sie da ganz sicher?"

Ich zeigte auf das Neugeborene „Der zweite Fall hintereinander! Brauchen Sie noch mehr Beweise?"

„Hm! Scheint wirklich so zu sein!" Dann röhrte er jedoch los: „Also der Lazarus kommt mir nicht mehr in die Nähe von meinen Kühen! Aber was mache ich jetzt? Einen anderen Stier kaufen? Dazu habe ich kein Geld!"

„Kehren Sie doch wieder zur künstlichen Besamung zurück, wie es die meisten meiner Bauern halten!"

„Na freilich! Da habe ich einen sündteuren Stier und dann soll ich noch die Besamungen zahlen!"

„Umsonst ist der Tod! Und der kostet bekanntlich das Leben!", bemühte ich die alte Binsenweisheit.

Doch der Lorenz hörte gar nicht zu, ich konnte deutlich bemerken, wie es hinter seiner Stirn arbeitete. Endlich rückte er mit seinem bauernschlauen Einfall heraus: „Aber vielleicht kann ich den Lazarus gut verkaufen und mit dem Erlös einen Nachfolger anschaffen?"

Es ging mich zwar nichts an, denn schon in der Bibel steht: „Willst Du der Hüter Deines Bruders sein?", trotzdem gab ich zu bedenken: „Also, das würde ich an Ihrer Stelle nicht machen! Wenn sich nämlich herumspricht, und das wird es tun, dass

Lazarus ein Defektgen besitzt, wovon Sie wussten, und ihn trotzdem einem anderen angedreht haben, dann kann man Sie wegen klassischen Betrugs in die Mangel nehmen!"

„Sind Sie Jurist?", bockte der Lorenz.

„Nein! Aber ein ehrlicher Mensch!", erwiderte ich scharf.

Das war das Signal für den Lorenz, dass er jetzt besser mit seinen Winkelzügen in meiner Gegenwart aufhören und sich ins Schicksal fügen sollte.

Und so geschah das Unvermeidliche! Sämtliche Kühe und Kalbinnen, die noch nicht gedeckt waren, wurden von mir besamt und der unglückselige Lazarus trat seine letzte Reise im Viehanhänger Richtung Metzger an.

Die weite Nachbarschaft, die dem Lorenz wegen seiner ständigen Großspurigkeit das Drama vergönnte, nahm es mit großer Schadenfreude auf und der alte Schanzlbauer konstatierte mit unverhohlener Genugtuung: „Jetzt kann er damit angeben, den teuersten Tafelspitz von ganz Salzburg in der Gefriertruhe zu haben!"

Manche Bauern finden Pech eben am schönsten, wenn es einen anderen trifft.

Insgesamt gab es fünf weitere Kälber mit Augendefekt, die noch von Lazarus gezeugt worden waren, aber die restlichen, durch künstliche Besamung entstanden, waren allesamt gesund. Wie gesund, bewies mir ein vier Monate altes Stierkalb, dem ich eine Impfung verpassen wollte. Der Lorenz hielt es am Hals umklammert und ich näherte mich dem Tier mit der aufgezogenen Spritze langsam von hinten. Genau in der Reichweite seiner Hinterfüße schlug es aus und traf mich an der Kniescheibe. Wie ich jetzt einbeinig im Stall herumhüpfen tat, hätte man mich glatt für eine Mischung aus Flamingo und Känguru halten können.

Dem Lorenz aber gefiel es, weil er grinste: „Das kleine Luder sieht genau, wo es hintreten muss! Bei mir hat er es vorige Woche genauso gemacht!"

Na, endlich wieder zwei scharfe Augen haben zumindest etwas Tröstliches an sich!

Das Leben ist kein Honigschlecken

Ein alter Spruch aus meiner Kindheit lautete: „Bitter muss die Medizin sein, sonst wirkt sie nicht!" Mit diesem Argument operierten früher die Erwachsenen, um dem widerstrebenden Nachwuchs etwas einzuflößen, was absolut nicht nach dessen Geschmack war.

Das ist natürlich völliger Unsinn! Obwohl es erwiesen ist, dass Bitterstoffe einen positiven Einfluss vor allem auf die Verdauung und die Leber haben, z. B. die bekannte Enzianwurzel, die Schafgarbe, der Löwenzahn und der Wermut (nein, ich meine nicht unbedingt den aus der Flasche), gibt es genügend andere wohlschmeckende Substanzen, die einen ebenso guten Heileffekt aufweisen. Das Süßholz, der Eibisch für Bronchitis, die Kamille bei Entzündungen in der Mundhöhle und natürlich der gute, alte Honig für alles Mögliche. Lindenblütenhonig gegen Erkältungen, Thymianhonig bei Magen-Darm-Beschwerden, Kleehonig gegen Durchfälle und noch vieles mehr.

Und da ich gerne mit alten Hausmitteln, wo dies möglich war, arbeitete, schätzten viele Bauern meine Kenntnisse, die sie selbst im Laufe der Jahre durch die reine Schulmedizin vergessen hatten, wieder sehr.

Außerdem kam es ihnen billiger!

Trotzdem gab es Tierbesitzer, die es lieber sahen, wenn man einfach eine Spritze verabreichte, sei es, weil das keine Arbeit und Zeitaufwand kostete, oder, weil sie zu „patschert" waren.

Wir hatten einen Frühling, der sich für den Namen hätte schämen sollen. Von Sonne kaum eine Spur, es verging kein Tag, an dem nicht dauernd neue Regengüsse herunterprasselten, und dazu wehte meist der Wind, der die ohnehin nicht berauschenden Temperaturen noch um einige gefühlte Grade weniger erscheinen ließ. Meine Stimmung war schon seit Längerem auf dem Tiefpunkt, denn auch der Juni zeigte sich von keiner anderen Seite, die Almsaison hatte gerade begonnen und bei einem solchen Dauerwetter auf den Bergen herumzugondeln, wirkte schon etwas strafverschärfend.

Man kann sich meine Frustration daher vorstellen, als ich wieder einmal mürrisch, nass und durchgefroren zu Mittag daheim aufkreuzte und mir Karin als Beilage zum Essen die Frohbotschaft servierte, dass ich heute noch unbedingt zur Steinkogelhütte hinauffahren müsse, weil sich dort oben zwei kranke Schafe befänden. Ich fuhr auf wie von der Tarantel gebissen und brüllte: „Das gibt's doch nicht! Hat sich denn alles gegen mich verschworen?"

Jetzt war ich schon weit über dreißig Jahre hier in der Gegend der Tierarzt, aber dort oben hatte ich noch nie etwas zu tun gehabt. Ich wusste nicht einmal, wo diese vermaledeite Hütte lag, außer, dass sie sich am namensgebenden Steinkogel befinden musste, der deshalb so hieß, weil er über der Baumgrenze noch ein gewaltiges Stück hinausragte und aus besagten Steinen bestand.

„Schrei mich bitte nicht an!", mahnte Karin. „Ich kann ja nichts dafür! Ich habe Dir lediglich ausgerichtet, dass die angerufen haben!"

Beschämt senkte ich den Kopf. Sie hatte natürlich völlig Recht! Ich weiß von mehreren Kollegen, die so ehrlich waren, zu gestehen, dass ihre Frauen auch darunter zu leiden hätten, wenn ihnen einmal die Nerven durchgingen. Andererseits war es im Altertum ja der Brauch gewesen, den Überbringer schlechter Nachrichten gleich köpfen zu lassen. So gesehen, erwiesen wir Tierärzte uns doch als ein wenig harmloser.

Ich ließ das Essen stehen und griff zum Telefon, um unseren Nachbarn, der ein Taxiunternehmen betrieb, anzurufen und ihn zu fragen, ob er mir sagen könne, wie weit es da hinauf ginge!

„Um Gottes willen! Das ist ja eine Weltreise! Die Hütte liegt am Ende vom Sessellift! Da kommen Sie mit einer Dreiviertelstunde Hinfahrt sicher nicht aus, noch dazu bei den Verhältnissen!"

Ich dachte kurz an meinen Revolver im Panzerschrank, verwarf aber den Selbstmordgedanken wieder und wählte die Nummer der Steinkogelhütte. Eine jugendlich klingende, weibliche Stimme meldete sich sofort.

„Hier spricht der Tierarzt! Was ist denn bei Euch überhaupt los? Woran krankt es an Euren Schafen?"

„Am Sonntag, Sie haben ja keinen Dienst gehabt, haben wir unseren Tierarzt geholt, weil wir wohnen ja außerhalb der Saison im Pinzgau! Der hat gesagt, die Schafe hätten eine Vergiftung und der dritte Pansen ginge nicht. Er hat jedem von ihnen auch eine Spritze gegeben, aber nach einer kurzen Besserung sind sie wieder so wie vorher!"

Trotz meiner miesen Laune musste ich fast lachen. Jeder Wiederkäuer hat zwar vier Mägen, darunter Labmagen, Blättermagen, Haube, aber nur einen einzigen Pansen!

Ich überlegte, ob ich meinen mir stets nachgesagten Sarkasmus auspacken sollte, und sagen: „Der dritte Pansen? Ojeh, ojeh! Wenn es zumindest der zweite wäre, hätten wir noch eine Chance gehabt!"

Aber das wäre erstens unkollegial gewesen und hätte die Tierbesitzerin zusätzlich geängstigt.

So versuchte ich einen Kompromiss: „Wissen Sie was? Wenn es sich nur um den Magen handelt, dann lege ich Ihnen ein pansenstimulierendes Pulver in den Warteraum, das können sie heute jederzeit abholen und eingeben. Am besten vermischen Sie es mit Honig und schmieren es den Schafen in den Mund! Dort bleibt es kleben und wird irgendwann geschluckt. Das erspart Ihnen eine teure Visite!"

Die Tierbesitzerin erklärte sich einverstanden und ich war froh, so eine elegante Lösung gefunden zu haben. Jetzt konnte ich mich endlich meinem in der Zwischenzeit kalt gewordenen Essen widmen.

Leider hatte sich das Wetter und das Befinden der Schafe am übernächsten Tag nicht gebessert, wie mir die Steinkogelwirtin letzteres am Telefon mitteilte. Ein Besuch wäre dringend erforderlich!

„Können wir es nicht so machen? Sie bringen mir die Schafe entgegen bis zum letzten gut erreichbaren Bauern, dass ich sie dort behandeln kann?"

„Nein, das geht nicht! In ihrem Zustand bringe ich sie nicht in den Hänger und einen Transport halten sie nicht aus!"

Das klang besorgniserregend, sowohl für die Schafe als auch für mich.

„Na schön", seufzte ich, „ich komme!"

Ich weiß nicht, ob Luis Trenker seiner Partnerin je einen innigen Abschiedskuss vor einer seiner Bergtouren gegeben hatte, ich tat es jedenfalls bei Karin.

Dann startete ich die Gasteiner Nanga-Parbat-Expedition.

Das erste unvorhergesehene Hindernis bildete ein Wegschranken, der den Bundesforsten gehörte und zu dem ich keinen Schlüssel besaß. Diese Waldbehörde hütet nämlich ihre umfangreichen Gebiete unzugänglich wie Dagobert Duck seinen Geldspeicher. Dabei handelt es sich im Unterschied zu Onkel Dagobert allerdings um Steuergelder, mit denen sie gefüttert wird.

Also erneut ein Anruf an die Steinkogelhütte!

„Ich schicke gleich jemanden hinunter!", lautete die Antwort.

Während ich trübsinnig im Auto wartete, verrann die Zeit und auch der Regen an der Windschutzscheibe.

Mein Groll wuchs von Minute zu Minute und es waren viele Minuten! Als ich schon unter Ausrufung des Götz-Zitates kehrtmachen wollte, bog endlich ein verbeulter Pick-up aus dem Wald in die Kurve.

Es war die Hüttenwirtin persönlich und in halsbrecherischer Fahrt – kein Wunder, dass der Pick-up so aussah – ging es den Almweg hinauf. Feuchter Nebel hing im Wald und ich konnte lediglich die roten Bremslichter vor mir erkennen, um zu ahnen, dass wieder eine Haarnadelkurve bevorstand.

Endlich, nach einer holperigen Fahrt, die nicht aufzuhören schien, schälten sich aus dem regnerischen Dunst die verschwommenen Umrisse einer Hütte heraus.

„Wir sind da!“, rief die Wirtin nach dem Aussteigen begeistert, als hätte sie mich soeben an die Côte d'Azur gelotst.

Dann lief sie zur Hütte, öffnete die Tür und rief hinein: „Franz! Der Tierarzt ist da!“

Mich interessierten mehr die Schafe, den Franz würde ich noch früh genug kennenlernen, also bog ich allein um die Ecke in einen schmalen Durchgang, wo ich den Stall vermutete.

Ich hatte richtig geraten, aber die Tür stand sperrangelweit offen und der Stall war leer!

„Jetzt sind die Ludern doch wirklich auf die Wies'n ausgerissen!“, kommentierte hinter mir ein Mann, der offenbar der Franz war. „Warten S', wir holen sie gleich!“

Aus dem Gleich wurden zehn Minuten, in denen ich mich unter ein kleines Vordach stellte, weil der Regen die unangenehme Hartnäckigkeit eines Steuerprüfers aufwies.

Endlich vernahm ich ein sich schnell näherndes Getrappel und zwei mächtige Walliser Schwarznasenschafe bogen patschnass um die Kurve und stürmten auf mich zu. Als sie mich sahen, stutzten sie einen Moment, aber weil der Franz und seine Franzin hinter ihnen herkamen, rannten sie in den Stall. Dort hatten wir sie in Griffweite. Also sterbenskrank schienen mir die zwei nicht! Ich maß die Körpertemperatur, prüfte die Kotbeschaffenheit, horchte die Lunge ab und den „dritten“ Pansen. Bis auf diesen war alles normal.

„Haben Sie den Schafen denn nicht das Pulver, das ich Ihnen hergerichtet habe, gegeben?“

„Unmöglich! Das wollten sie nicht fressen!“

„Aber ich habe Ihnen doch am Telefon ausdrücklich geraten, das Mittel mit Honig einzugeben!“

„Das ist nicht gegangen! Sie haben sich geweigert, den Mund aufzumachen!“

Ja, das ist halt der Unterschied zur Humanmedizin, wo es genügt, wenn der Onkel Doktor den Patienten einfach auffordert: „Sagen Sie: Ah!“

Die guten Leutchen hatten offenbar geglaubt, beim Schaf klappt das genauso, nur halt statt „Ah“ „Määh“!

Langsam verspürte ich ein Kribbeln am ganzen Körper und das nicht wegen des Sauwetters.

„Na, schön, ich hole noch so ein Pulver aus dem Auto und Sie bereiten inzwischen zwei Portionen Honig vor, dann geben wir es gemeinsam ein! Zu dritt werden wir es hoffentlich schaffen.“

Ausgerechnet in dem Moment, als ich an der Hecktür des Toyotas stand, öffnete der Himmel seine Schleusen noch weiter und ein Regenguss à la Sintflut, vermischt mit dichtem Hagel, rauschte herunter. Jede gebadete Maus hätte mich sofort als Artgenossen akzeptiert.

Unter dem Schutz des Stalles rührte ich das Pulver in die zwei Schälchen, die die Wirtin gefüllt hatte, befahl dem Franz: „Los, packen sie das erste an den Hörnern!“, kniete mich ins Stroh und zog mit beiden Händen dem Schaf die Kiefer auseinander.

„Passen Sie auf, dass es Sie nicht beißt!“, meinte die Wirtin besorgt.

„Fangen Sie lieber zu löffeln an!“, herrschte ich.

Das Schaf sträubte sich nach Leibeskräften und ich dachte, hoffentlich hat die Dame keinen Säugling zu füttern, der würde glatt verhungern, weil mehr von dem Honiggemisch auf meinem Handrücken landete als im Maul. Endlich war die erste Schüssel leer und ich schmierte den Rest mit der Hand dem beleidigten Vieh gründlich unter die Lippen.

Dann kam der Widder dran! Der brachte noch ein paar Krafteinheiten mehr ins Spiel!

„Jörgi, benimm Dich!“, keuchte die Wirtin und schaufelte das picksüße Mus diesmal schon gleichmäßiger auf mich und in den Schafbock.

Endlich war auch diese Prozedur beendet. Ich schrubbte mir in der Küche, so gut es ging, die Hände, hatte aber trotzdem keine Sorge, dass ich auf der Rückfahrt vom Lenkrad abrutschen könnte, und machte, dass ich weiterkam.

„Danke, Herr Doktor, für's Kommen. Vielleicht besuchen Sie uns einmal, wenn schöneres Wetter ist!"

„Danke, aber da herauf samt Schranken ist mir zu mühselig!"

„Sie können ja auch den Sessellift benützen!"

Ich nickte, aber nur wie die Bulgaren, bei denen es traditionellerweise „nein" bedeutete.

Verblüffenderweise brach jedoch nach einer Woche endlich mit Vehemenz der Sommer aus und wir erhielten am Sonntag überraschenderweise Besuch von meinem Cousin Harald und seiner Frau Angelika. Harald war berüchtigt für seine Überraschungen, jahrelang hatte die ganze Familie bezweifelt, dass er einmal sein Studium beenden würde, das heißt, beenden schon, aber nicht erfolgreich.

Und plötzlich stand er mit dem Sponsionstermin da.

Da fiel mir die Steinkogelhütte wieder ein. Es interessierte mich auch, wie es meinen Patienten ging. Angerufen hatte niemand mehr!

„Wisst Ihr was, Kinder?", schlug ich vor. „Bei dem Prachtwetter wäre es eine Sünde, daheim zu sitzen. Machen wir doch einen kleinen Ausflug in luftige Höhen!"

Gesagt, getan! Eine Stunde später schwebten wir im Sessellift zwischen Baumkronen empor, und als mich Harald, der neben mir saß, schon frug, ob wir uns vielleicht verfahren hätten, nahmen wir die letzte Stütze und unter uns lag die Steinkogelhütte.

Diesmal mit mehr Publikum.

Die Wirtin schien sich wirklich zu freuen, dass ich ihrer Einladung tatsächlich Folge leistete, und auf meine Frage, wie es denn um die Schafe stünde, antwortete sie fröhlich: „Sehr gut! Dort drüben grasen sie!"

Dabei zeigte sie auf ein Stück umzäunte Wiese neben dem Gastgarten.

Ich ging hinüber zum Zaun und Angelika, die alle Tiere mochte, begleitete mich.

„Na, Jörgi, alter Hammel! Wieder bei Appetit?"

Der Widder hob den Kopf, um ihn gleich danach wieder zu senken und mit dem Gehörn voraus auf mich zuzustürmen. Das war aber keine Freudensbezeichnung, wie ich feststellen musste, denn er krachte mit vollem Karacho in den Drahtzaun, dass das Drahtgeflecht eine ordentliche Beule abbekam.

Ohne das Hindernis hätte er mir glatt den Schädel in den Leib gerannt.

„Jörgi", rief die Wirtin, die das mitbekommen hatte, „spinnst Du?"

Der Widder drehte kurz ab, um gleich darauf zu einem neuen Anlauf anzusetzen.

Da hier offensichtlich keine Freundschaftspreise gestiftet wurden, brach ich mein Schäferstündchen mit Jörgi ab und führte Angelika zu unserem Tisch zurück, wo Karin und Harald bereits Platz genommen hatten.

„Ist Ihnen auch nichts passiert, Herr Doktor?", frug die Wirtin besorgt, als sie mir das Bier hinstellte.

„Ach wo! Den Zaunmacher können Sie ruhig weiterempfehlen! Was mich aber wundert, ist, dass der Kerl mich sofort wiedererkannt hat!"

„Ja, Jörgi kann ganz schön nachtragend sein. Nach der Behandlung habe ich mich drei Tage lang nicht in den Stall getraut!"

Offenbar schätzen es Schafe im Unterschied zu Prominenten und Politikern nicht so sehr, wenn man ihnen Honig ums Maul schmiert!

Wer zu spät kommt …

Schon Ferdinand Raimund ließ in seinem Stück „Der Verschwender“ eine alte Bäuerin sagen: „Das ist bei uns im Gebirg' der Brauch! A schlechter Haushalt, wo's net rauf'n tan!“

Also gerauft wurde am Kreuzwinkelhof, allgemein nur „beim Winkl“ bezeichnet, nicht, aber ich kannte sonst keine andere Bauernfamilie, in der die sprichwörtlichen „Hackln“ so tief flogen. Er, der Bauer, ein zaundürrer Mann, der schon länger an Krebs litt, ohne dass das rechtzeitig diagnostiziert wurde, war noch der Umgänglichste und Vernünftigste.

Sie, die Bäuerin, verkörperte das, was man am treffendsten als alte Keifzange zu bezeichnen pflegte, die ständig an allem was auszusetzen hatte, und der lange Lackel von Sohn, der Xaver, ließ sich jede Arbeit dreimal anschaffen, weil er lieber den ganzen Tag auf seinem Zimmer im oberen Stock saß und fleißig Pornohefte konsumierte.

Es war ja bei uns im Allgemeinen unüblich, dass es in einer Bauernfamilie nur einen einzigen Nachwuchs gab, aber bei der näheren Betrachtung der Beziehung durfte es einen auch nicht verwundern.

Es hing am Kreuzwinklhof allerdings nicht nur der Haussegen gehörig schief, das traf auch einigermaßen auf die Gebäude zu. Das Bauernhaus, ein verwitterter Holzbau aus dem achtzehnten Jahrhundert, hing schon etwas in den Seilen und der Stall machte überhaupt dem berühmten Turm von Pisa heftige Konkurrenz. Seine steinernen Grundmauern wölbten sich in erschreckender Weise hangwärts nach außen, sodass die darunter sesshaften Hausbesitzer bereits Angst hatten, dass ihnen irgendwann einmal das morsche Objekt in ihre Vorgärten donnern könnte.

Der vom Land bestellte Statiker stellte einen dringenden Sanierungsbedarf fest und verabschiedete sich wieder. Auf den dazugehörigen Bescheid wartete man am Kreuzwinklhof noch etliche Jahre.

Man kann sich denken, dass meine erste Visite dort ein gewisses Schockerlebnis darstellte.

Eine Reihe magerer Pinzgauer-Kühe an der Kette empfing mich beim Eintritt und in einem finsteren Kobel lag das Schwein, deswegen ich gerufen worden war.

Der Winklbauer zeigte darauf und sagte: „Seit drei Tagen frisst er nichts und steht nicht auf!"

„Können Sie vielleicht das Licht einschalten?", lautete meine bescheidene Bitte.

„Da herinnen haben wir kein Licht!", war seine Antwort.

Ich holte meine Taschenlampe aus dem Auto und beleuchtete damit die im wahrsten Sinne des Wortes arme Sau.

Dabei stachen mir sofort die blau-violetten Ohren ins Auge und die abnorm verkrümmten Beine.

„Wieviel Milch kriegt es denn pro Tag?", war meine Frage, weil damals Bauern gerne, als die Milch noch kontingentiert war, die überschüssige Menge an ihre Schweine verfüttert hatten.

„Na, so fünf, sechs Liter!"

„Dann ist alles klar! Ihr Schwein hat eine Eiweißvergiftung! Mehr als maximal ein Liter ist pro Tier nicht zuträglich! Schauen Sie sich einmal die Ohrwaschln an. Hier ist es zu veritablen Kapillarschäden gekommen, genauso sieht es in den inneren Organen aus. Und was das Aufstehen betrifft, das Tier leidet an Rachitis!"

„Wieso Rachitis?"

„Weil in dem dunklen Verschlag da keine Sonne hereinkommt! Darum! Bevor Sie da ein neues Schwein hereinsetzen, müssen sie unbedingt eine große Öffnung ausschneiden, damit genügend Tageslicht einfällt!" ‚Was bei dem morschen Zustand der Wand wahrscheinlich mit einem Taschenfeitl möglich war', dachte ich boshaft.

Der Winklbauer überlegte kurz: „Können Sie ihm eine Spritze geben?“

„Ich fürchte, dazu ist es zu spät! Sie müssen das Schwein erlösen!“

Obwohl ich damit das Todesurteil über sein Tier ausgesprochen hatte, setzte er eine freudige Miene auf: „Sie sind ein Tierarzt nach meinem Geschmack! Gleich mit der Wahrheit heraus, keine teure Behandlung und dazu noch Gratis-Ratschläge zur Verbesserung!“

Von gratis konnte keine Rede sein, vor allem, wenn ich an das Leiden des Schweines dachte.

Ich sagte jedoch im Moment nichts dazu, das würde er an der Honorarnote schon noch merken.

Wenig später behandelte ich bei meinem Koglerbauern in derselben Gemeinde eine Kuh, die einen schmerzhaften Fußtritt von einer Artgenossin erhalten hatte.

Während ich den Bluterguss punktierte, frug mich, unter Grinsen, der Kogler: „Ich habe gehört, dass Sie neulich beim Winkl waren. Was sagen Sie denn zu den Zuständen dort?“

Nachdem wir Tierärzte zwar keinen Hippokratischen Eid zu schwören hatten, dennoch zur Verschwiegenheit verpflichtet waren, antwortete ich diplomatisch ausweichend: „Mir scheint, dass es dort finanziell nicht rosig ausschaut.“

Da brach der Kogler in ein lautes Gelächter aus, vor dem sich sogar die Schwalben, die ihre Nester unter der Stalldecke gebaut hatten, schreckten: „Da sind Sie gehörig auf dem Holzweg! Beim Winkl haben sie mehr Geld wie die Sparkasse! Die haben einen Waldbesitz, der Millionen wert ist. Aber er, der Winkl, lässt das Holz stehen, weil er zu geizig ist, um sich Holzknechte zu leisten, und selber mit dem Sohn sind sie zu faul dazu. Und die Winkl-Alm ist eine der größten im gesamten Gebiet, aber die hat er der Bequemlichkeit zuliebe teuer verpachtet, weil ihm ein Almauftrieb zu mühsam ist. Kaum ist im Frühjahr der Schnee weg, schmeißt er alles auf die Weide, wurscht, ob da schon was wächst oder nicht!“

„Ja, aber wo kriegt er dann das Winterfutter her, wenn seine Rinder den ganzen Sommer über daheim die Wiesen abgrasen?“

„Na, haben Sie sich seine halbverhungerten Viecher einmal angeschaut?“

Daraufhin beschloss ich, am nächsten Morgen den Amtstierarzt zu aktivieren.

Obwohl der heute schon längst den Ruhestand genießt, etwas, was er bereits sein ganzes Berufsleben lang eifrig trainiert hatte, möchte ich seinen Namen verschweigen und ihn nur Kollege nennen. Er war ja im Prinzip kein übler Kerl, nur hatte er weder das Schießpulver noch die Arbeit erfunden. Deshalb kamen auch alle anderen Tierärzte gut mit ihm aus, weil er sie mit unnötiger Bürokratie weitgehend verschonte.

Zu meiner Verblüffung hatte ich ihn sofort an der Strippe. Offenbar war der Golfplatz zu der Uhrzeit noch geschlossen.

„Hast Du es schon einmal mit einer Entwurmung probiert?“, lautete seine Frage, als ich ihm von den mageren Rindern erzählte.

Das war typisch, weil keine Arbeit für ihn!

„Nein“, gestand ich, „aber ich glaube nicht an eine Parasitengeschichte! Was mir zugetragen wurde, scheint mir eher eine Frage der Arbeitsmoral dort auf dem Hof zu sein. Es soll nämlich manchmal auch faule Leute geben!“, konnte ich mir nicht verkneifen, hinzuzusetzen.

Der Kollege überging die Spitze problemlos, sie zu registrieren hätte bestimmt ebenfalls Mühe bedeutet.

„Na, dann werde ich halt einmal vorbeischauen! So geht das natürlich nicht!“, seufzte er.

„Wenn ich das nächste Mal auf die Welt komme, werde ich auch Amtstierarzt!“, beschwerte ich mich bei Karin. „Kein

Stress, ein gutes Fixeinkommen und am Ende eine anständige Beamtenpension!"

Erstaunlich, dass es mir nach so vielen Ehejahren noch immer gelang, meine Frau zu erheitern.

„Also sei mir nicht bös, aber ausgerechnet Du mit Deinem Talent zur Bürokratie und zur Zettlschupferei? Dass ich nicht lache!" Dabei tat sie es gehörig!

„Was heißt da Zettlschupferei. Heutzutage geht doch eh alles schon digital!", verteidigte ich mich.

„Das ist ja bei Dir noch schlimmer!" Langsam bekam Karin einen Zwerchfellkrampf.

Aber wo sie Recht hatte, hatte sie Recht. Wenn man glaubt, der letzte Neandertaler wäre schon vor Urzeiten ausgestorben, dann hat man mich noch nie beim vergeblichen Einloggen in irgendwas erlebt.

„Na schön, dann werde ich halt auch im nächsten Leben in Kuhärschen herumstochern müssen!"

Als ich nach längerer Zeit wieder einmal auf den Kreuzwinklhof gerufen wurde, hatte sich an den Zuständen nichts geändert. Auch der Schweinestall war noch immer fensterlos.

Eine gelinde Wut erfasste mich, vor allem, als ich meine Patientin zu Gesicht bekam. Die Kuh hatte schrecklichen Durchfall, der praktisch nur mehr aus Wasser mit Luftbläschen bestand, und war nicht zum Aufstehen zu bewegen. Selbst die sprichwörtlichen Kuhaugen waren bereits in ihre Höhlen eingesunken!

„In drei Teufels Namen", brach es aus mir heraus, „wie lange hat sie das denn schon?"

„Na so einige Zeit halt!"

„Verdammt noch einmal! Warum haben Sie mich denn nicht früher gerufen?"

Der Winklbauer verzog den Mund zu einem schiefen Grinsen: „Na, so sind wir Bauern halt! Haben noch ein Gottvertrauen!"

Diese blöde Antwort brachte mich vollends in Rage: „Nur schade, dass die Kuh scheinbar nicht katholisch ist!“, blaffte ich ihn an.

„Ja, sagen Sie es ihm nur richtig hinein, Herr Doktor! Meine Männer, diese faulen Luder, scheren sich um gar nichts!“ Die Bäuerin war hinter unserem Rücken in den Stall nachgekommen und keifte nun mit schriller Stimme.

Ihr Mann drehte sich zu ihr um und fuhr sie an: „Geh, was redest Du für einen Schmarrn daher! Schleich dich lieber ins Haus und schau zu, dass Dir nicht dauernd was am Herd anbrennt!“

Das schien mir leichter gesagt, als getan. Einmal hatte ich die Gelegenheit, einen Blick in die Küche zu werfen, weil auf mein Hupen niemand reagiert hatte. Der Herd war noch ein gemauerter, aber derartig rissig, dass aus den Sprüngen schon fast mehr Rauch in den Raum drang als durch den Kamin. Na ja, früher hatte es ja auch oft nur die „Rauchkuchln“ gegeben. An den Wänden bröckelte der Verputz teilweise herunter, sodass die Schilfmatten, auf denen er aufgetragen war, zum Vorschein kamen. Das mochte die Bewohner jedoch nicht zu stören, über die größten Löcher hatten sie der Einfachheit halber alte Zeitungen geklebt und so konnte ich mit Erstaunen noch am Anfang der Zweitausenderjahre nachlesen, dass beim Großen Preis von Deutschland anno 1964 unser Jochen Rindt nur Dritter geworden war und dass Königin Beatrix von den Niederlanden 1969 ihr drittes Kind bekommen hatte.

Die Winklbäuerin machte sich nach diesem Anpfiff wieder vom Acker, nicht ohne noch einmal über die Schulter zurückzurufen: „Geben Sie es ihm nur tüchtig, dem alten Tierschinder!“

„Jedenfalls muss ich der Kuh etliche Infusionen verpassen, um ihren Flüssigkeitshaushalt und Kreislauf zu stabilisieren!“, sagte ich, von der häuslichen Szene einigermaßen peinlich berührt. „Aber ich kann nicht garantieren, dass ich sie durchbringe!“

So ein ausgeronnenes Rind hat schon einen enormen Bedarf und ich bot sämtliche Flaschen mit Kochsalzlösung auf, die sich im Auto befanden. Dazu verabreichte ich noch einen

Glukose-Coffein-Cocktail und ein Mittel, das den Durchfall stoppen sollte.

Trotzdem war meine Hoffnung gering.

Größer war schon mein Ärger, als ich beim Amtstierarzt anrief: „Sag, warst Du in der Zwischenzeit einmal am Kreuzwinklhof?"

„Hach, nein! Das habe ich ganz vergessen!"

„Das habe ich gemerkt!", gab ich trocken zur Antwort.

„Hast Du schon entwurmt?", versuchte er, den schwarzen Peter an mich zurückzuspielen.

Das ist bei Behörden nichts Ungewöhnliches!

Am nächsten Tag rief der Winklbauer an und vermeldete lakonisch: „Sie ist hin!", was mich jetzt nicht sonderlich überraschte.

„Das arme Vieh hat ja auch ganz schön was mitgemacht! So was will ich nicht noch einmal erleben! Beim nächsten Mal müssen Sie unbedingt früher anrufen!"

Es gab aber kein nächstes Mal! Schon ein paar Wochen später hatte der Krebs den Winklbauern überholt und drei Tage darauf fand die Beerdigung bei dichtem Schneegestöber statt.

Ich war mir sicher, dass der Sohnemann, den ich nur einmal flüchtig zu Gesicht bekommen hatte, den Hof sofort verscherbeln würde, der Erlös würde bis an sein Lebensende für Pornohefte ausreichen.

Aber ich hatte die Rechnung ohne die Mutter gemacht. Die war nämlich Miteigentümerin und verweigerte den Verkauf. So kam es zum Prozess, was das Verhältnis zwischen den beiden nicht unbedingt verbesserte.

Das merkte ich, als sie mich anrief: „So kann das nicht weitergehen", schrillte sie ins Telefon, „das kann ich mir nicht länger ansehen! Wenn nicht sofort ein Tierarzt kommt, rufe ich die Polizei!"

Das klang bedrohlich! Nicht für mich, aber für die Tiere!

Ich läutete erneut den Amtstierarzt an.

„Ui, das ist blöd! Ich bin gerade dabei, die Koffer zu packen, weil ich morgen zeitig ins Wochenende auf Schiurlaub fahre! Weißt Du was? Ich sage dort Bescheid, dass Du die Sache in meinem Auftrag in die Hand nimmst! Einverstanden?"

„Aber ich habe doch keine amtlichen Befugnisse!", rief ich. „Gibt es denn keine Vertretung?"

„Es ist Weihnachts-Urlaubszeit!", trompetete er fröhlich.

So blieb mir nichts anderes übrig, als mit ungutem Gefühl im Bauch dem Winklhof einen weiteren Besuch abzustatten. Hoffentlich hatte der Kollege wenigstens nicht vergessen, mich anzukündigen.

Hatte er nicht! Die Bäuerin erwartete mich schon und zerrte ihren ausgewachsenen Sprössling an den Ohren von seiner Pornoherrlichkeit herunter. Ihr Keifen dabei hatte man wahrscheinlich bis zum Marktplatz hören können: „Da ist er, der saubere Herr Jungbauer! Und jetzt schauen Sie in den Stall, da kommt einem das Grausen!"

Sie übertrieb nicht!

Es waren weniger Kühe vorhanden, wahrscheinlich hatte inzwischen noch die eine oder andere ohne tierärztliches Zutun das Zeitliche gesegnet, aber die Kälber! Vier an der Zahl, struppig, abgemagert, standen sie in einer Box, fast bis zu den Schultern im Dreck. Der war mittlerweile so eingetrocknet, dass sich die Tiere nicht bewegen konnten. Ihre Beine waren quasi einbetoniert wie Zaunpfähle. Ein erschütternder Anblick!

„Das darf doch nicht wahr sein!", brüllte ich. „So eine Schweinerei ist mir noch nicht untergekommen! Sie verbringen die Kälber augenblicklich in eine saubere Box und diese vertrocknete Jauchengrube verschwindet, und wenn Sie dafür einen Bagger brauchen. Morgen komme ich nochmals vorbei und kontrolliere das! Wehe Ihnen, wenn ich nicht zufrieden bin! Dann hagelt es Anzeigen nach dem Tierschutzgesetz, dass Ihnen Hören und Sehen vergeht!"

„Aber morgen ist Samstag!", maulte der Jungbauer.

„Na und", schnauzte ich, „wenn ich am Samstag arbeiten kann, dann können Sie das schon lange!"

Als ich am nächsten Tag den Winklstall betrat, bot sich ein erfreulicheres Bild. Die Kälber standen in einer anderen Box und schienen ihre neugewonnene Bewegungsfreiheit zu genießen, nur die alte Pferch strotzte noch immer voll Dreck, man konnte deutlich die Löcher erkennen, worin die Tiere gesteckt hatten.

„Das da kommt mir auch noch weg! Verstanden?"

„Ja ja!", wirkte der Jungbauer eingeschüchtert.

„Dann ist es vorläufig ja gut!"

Die Weihnachtstage genoss ich gemütlich mit Karin, ein paar Pfeifchen und, da ich frei hatte, einer Flasche alten Cognac! Es schneite unaufhörlich und ab und zu trat ich ans Fenster und schaute hinaus in die Schneemengen und bedauerte ausgiebig den armen Hund von Kollegen, der bei dem Wetter den Feiertagsnotdienst ausgefasst hatte.

Trotzdem verspürte ich die ganze Zeit eine unterschwellige Unruhe, und da man nach so langer Zeit seine Pappenheimer bereits kannte, machte ich mich nach dem Stephanitag auf den Weg zum Kreuzwinklhof. Auf dem Stalldach lasteten mindestens zwei Meter Schnee, weil natürlich niemand auf die Idee gekommen war, abzuschaufeln. Aber das störte mich im Moment nicht im Geringsten, weil, wie ich den Stall betrat, traute ich meinen Augen nicht: Da standen die Kälber wie zuvor in ihren alten Kotlöchern, der Kerl hatte sie einfach wieder umgesteckt!

Jetzt reichte es!

Ich fuhr schnurstracks auf die BH und stürmte ungeachtet der Proteste seiner Sekretärin das Büro des Amtstierarztes. Hoffentlich hatte er sich keinen Haxen gebrochen!

Hatte er glücklicherweise nicht!

Ich ließ ihn gar nicht erst zu Wort kommen, sondern lederte drauf los: „Jetzt ist es genug! Wenn jetzt nicht gehandelt wird, bringe ich die Sache an die Öffentlichkeit!"

„Na wenn das so ist, dann werden wir etwas unternehmen!“ Zu meiner Überraschung ging es nun recht schnell! So flott hatte ich noch nie einen Amtstierarzt agieren sehen. Er war zwar geübt im Zeitunglesen, wollte sich selbst aber wahrscheinlich nicht darin wiederfinden.

Der Kollege organisierte eine sofortige vorübergehende Beschlagnahme des Viehbestandes am Winklhof und beantragte ein Tierhalteverbot.

Wahrscheinlich ging ihm die ständige Belästigung in der gleichen Causa auf die Nerven.

Wenige Tage danach ging die Aktion über die Bühne.

Zwei Viehtransporter fuhren am Winklhof vor, um die Tiere vorläufig an einen Platz zu bringen, wo es ihnen hoffentlich besserging.

Diesmal war der Kollege selbst vor Ort, er hatte mich nur gebeten, auch dabei zu sein, ich könnte meinen Aufwand finanziell dem Land vorlegen. Ich hätte das aber, bitte nicht weitersagen, auch gratis gemacht. So groß war meine Genugtuung, dass das Tierleid endlich vorbei war.

Bei dichtem Schneefall wurden die Rinder auf die Lastwägen verladen, am Ende kam noch das arme Schwein dran.

Die Winklbäuerin stand die ganze Zeit dabei und schaute den im Schneetreiben entschwindenden Rücklichtern der Transporter nach, ehe sie zu mir sagte: „Zweihundert Jahre Bauernschaft gehen damit am Winklhof zu Ende. Aber für die Tiere ist es besser!“

Obwohl sie eine alte Keifzange sein konnte, hätte ich sie in diesem Moment am liebsten umarmt.

Am nächsten Morgen vermisste ich schmerzlich mein Notizbuch! Das konnte ich nur im Zuge der Räumaktion am Winklhof verloren haben. Also fuhr ich zum letzten Mal da hin.

Dort angekommen, traf mich fast der Schlag. Was gestern noch der Stall war, war heute eine in sich zusammengebrochene Holzpalatschinke.

Die maroden Außenmauern und der betagte Dachstuhl hatten dem unaufhörlichen Schneedruck nicht standgehalten und waren komplett zusammengesackt.

Hätte das vierundzwanzig Stunden zuvor stattgefunden, wären wir allesamt darunter begraben worden.

Wie lautet der Ausspruch, den man Gorbatschow in den Mund legt: „Wer zu spät kommt, den bestraft das Leben!"

Hie und da könnte es sich aber dabei auch um ein marodes Stallgebäude handeln!

Pril, wie bekannt, entspannt

Die „Alte Dorfschmiede" trug zwar noch ihren ehemaligen Namen, aber es war schon lange Zeit her, als der letzte Hammerschlag den Amboss hatte erklingen lassen. Der Urgroßvater vom jetzigen Dorfschmied war der letzte seiner Ahnenreihe gewesen, der das Handwerk noch beherrschte. Aber mit dem Verschwinden der bäuerlichen Fuhrwerke und der damit verbundenen Abnahme der Pferdeanzahl sowie dem Aufkommen modernerer Landmaschinen, die die Sensen verdrängten, wurde das Feuer in der Esse endgültig gelöscht und das schwere Einfahrtstor geschlossen. So dämmerte der eindrucksvolle Steinbau viele Jahre im Dornröschenschlaf dahin.

Freilich, heutzutage mit etlichen Reitställen im Tal, hätte man wieder einen tüchtigen Hufschmied gebraucht, aber der jetzige Dorfschmied hatte diese Kunstfertigkeit nicht mehr erlernt.

Trotzdem befand er, dass das ehrwürdige Gebäude zu schade wäre, um weiterhin ungenutzt in der Landschaft zu stehen, deshalb nahm er einen radikalen Umbau vor und machte ein Wirtshaus daraus. Dabei beging er nicht den Fehler, sich zeitgemäß einzurichten, sondern beließ den urigen Charakter, den vor allem die Touristen zu schätzen wussten. Da seine Frau dazu praktischerweise eine gelernte Köchin war, hatte das Projekt die besten Voraussetzungen und wurde zu einer kleinen Goldgrube, wie einige böswillige Nachbarn, darunter auch ein paar Wirte der Umgebung, neidvoll anerkennen mussten.

Aber im Allgemeinen war man im Dorf froh über das zusätzliche Angebot. Einige Stammtische bildeten sich, des Essen war gut und für die hiesigen Verhältnisse noch preiswert und es gab auch noch einfache Gerichte, die man sonst auf den Speisekarten unserer Breiten schon vergeblich suchte: Eiernockerln, Leber, saure Nierndln, Beuschl usw.

Das war auch für die Einheimischen, die sich nach dem Kirchgang am Sonntag zum Frühschoppen trafen, ein im wahrsten Sinne des Wortes „gefundenes Fressen", um dem reichlich genossenen Bier eine nicht allzu schnelle Angriffsfläche zu bieten. Dabei war immer behauptet worden, Innereien würden in der Gegend auf wenig Gegenliebe stoßen!

Kurz, der Dorfschmied war zufrieden, und da er Wert auf regionale Produkte legte, hielt er auf den weiten Wiesen hinter dem Wirtshaus einige Schweine und Ochsen.

Den einzigen Wermutstropfen in seinem gut organisierten Dasein, und noch dazu ein ganz bitterer, bildete die unmittelbare Nachbarschaft zu Frau Höller, einer hantigen Witwe, die ein kleines Häuschen zusammen mit ihren Hunden, zwei semmelgelben Rattlern undefinierbarer Rassezusammensetzung, bewohnte. Sagte man ihr schon nach, dass sie Haare auf den Zähnen hätte, so standen ihr die beiden Kläffer in dieser Beziehung um nichts nach. Sie bellten bei jeder sich bietenden Gelegenheit, manchmal auch ohne Grund, und da sie frei herumliefen, scheuchten sie mit Vorliebe die Dorfschmiedschweine – an die Ochsen trauten sie sich nicht heran – über die Wiese.

„Wie sollen die denn Speck ansetzen, wenn sie den ganzen Tag gehetzt werden?", knurrte der Dorfschmied einmal mir gegenüber. „Hundert Mal habe ich der alten Hexe schon gesagt, sie soll die verdammten Köter gefälligst verwahren, wissen Sie, was sie mir darauf geantwortet hat? ‚Wenn Deine Viecher frei herumlaufen, dann können es meine genauso gut!'"

Der Dorfschmied war ein Hüne von Gestalt mit tiefen Furchen zwischen den Augenbrauen, die ihm schon alleine ein bedrohliches Aussehen verliehen, dazu Fäuste, jede wie ein Handball, ein urgroßväterliches Erbteil, und so mancher hätte es sich gut überlegt, seinen Wünschen nicht nachzukommen.

Bei Frau Höller biss er jedoch auf Granit, obwohl sie ihm nur bis zur Gürtelschnalle reichte.

„Eines Tages dreh' ich den Biestern noch den Hals um!", pflegte er mir gegenüber öfters zu erwähnen.

Diese grimmige Drohung hätte fast ihre Verwirklichung erfahren, als einer der Hunde einmal in den Gastgarten gelangt war und einem dort Sitzenden, der von seinem Schnitzel partout nichts abgeben wollte, in die nackte Wade gezwickt hatte.

Es war schon früher Herbst, die Rinder hatten die Hochalmen schon längst verlassen und grasten nun friedlich die fetten Weiden ab, ehe sie Anfang November vor dem Wintereinbruch in den Stall verbracht werden würden.

Ich graste zwar nicht, saß aber ebenfalls gerade beim Mittagessen, als das Telefon läutete.

Man kennt das Phänomen. Ein alter Witz lautet: „Immer dann, wenn ich ein Bad nehme, klingelt es. Es ist jedes Jahr dasselbe!"

Die Stimme des Dorfschmiedes klang so aufgeregt, wie ich sie noch nie erlebt hatte: „Herr Doktor, Sie müssen sofort kommen! Einer meiner Ochsen liegt auf der Wiese und rührt sich nicht!"

Ade Mittagessen! Ein Tierarzt kann schwer argumentieren: „Und auf meinem Teller liegt zufälligerweise gerade eine glacierte Leber, die, wenn ich wiederkomme, höchstens noch zur Schuhsohle taugt!" Ich esse gern Leber in allen Variationen, wie die geneigte Leserschaft mittlerweile bereits festgestellt haben wird.

Also hinein in die Arbeitsklamotten und mit Blaulicht zur Dorfschmiede.

Eine kleine Zahl von Schaulustigen hatte sich bereits versammelt, als ich angestürzt kam.

Der Ochse lag auf der Seite und ich konnte schon von Weitem den ungeheuer aufgeblähten Bauch erkennen. Ein kurzer Blick genügte: „Er ist tot!", verkündete ich.

„Was? Wirklich tot?" Der Dorfwirt machte einen Schritt auf den Kadaver zu: „Sind Sie da ganz sicher?"

Nachdem ich seit mehr als sechsunddreißig Stunden nichts im Magen hatte und mein Guter-Laune-Blutzuckerspiegel somit unter Meeresniveau lag, antwortete ich bissig: „Wollen Sie vielleicht eine zweite Fachmeinung dazu einholen?"

„Nein, nein!" Der Dorfschmied erkannte seinen Fauxpas: „Ich wollte damit nur sagen, wie ist das möglich? Heute in der Früh war er noch pumperlgesund!"

„Na, dann schauen Sie sich seinen Bauch an! Völlig aufgetrieben! Man nennt das akute Tympanie oder schaumige Gärung!"

„Und was ist das?" Nachdem der Dorfschmied noch keine lange Erfahrung in der Landwirtschaft hatte, zeigte er sich über den plötzlichen Tod seines Ochsen völlig perplex.

Ich setzte zu einer langatmigen Erklärung an: „Das ist eine chemische Reaktion im Pansen. Normalerweise befinden sich drei Schichten im Vormagen, oben die Gasblase, die abgerülpst oder abgefurzt wird und laut selbsternannter Propheten das Weltklima kippen lässt, dann der flüssige Pansensee und schließlich das strukturierte Futter. Wenn die Rinder von den Almen, wo das Gras nur mehr spärlich wächst, herunter auf die frischen Weiden kommen, finden sie einen hohen Eiweißgehalt vor. Der bildet wie geschlagener Eiweißschnee mit dem Gas einen kompakten Schaum, in welchem das Gas gebunden ist, nicht mehr ausgestoßen werden kann und sich rasant vermehrt! Dadurch kommt es zur Aufblähung, Behinderung der Zwerchfellatmung und zum Kreislaufkollaps! Eine typische Herbstkrankheit!"

Uff!

Hätte ich diese Frage seinerzeit auf der Uni gestellt bekommen und nicht jene dämlich exotische nach der Fliegenkrankheit, wäre mir eine bessere Note als vier sicher gewesen.

„Und was soll ich jetzt machen?", frug der Dorfschmied.

„Rufen Sie die Tierkörperverwertung! Die holen den Kadaver morgen ab!"

Damit verabschiedete ich mich in der Hoffnung, dass aus meiner Lebersohle daheim noch keine endgültige Ledersohle geworden ist.

Vier Tage später meldete sich ein echauffierter Dorfschmied erneut am Apparat: „Herr Doktor, stellen Sie sich vor, ich hab' schon wieder so einen aufgeblähten Ochsen!"

„Auch schon tot?"

„Nein, der lebt noch! Aber nicht gut!"

„Auf keinen Fall in den Stall treiben, jede Bewegung belastet den Kreislauf! Richten Sie zwei Eimer Wasser her, ich komme wie der Blitz!" Die Besamung beim Strohgütl musste warten!

Eine akute Tympanie zählt zu den eiligsten Fällen in der Großtierpraxis. Hierbei geht es tatsächlich um Minuten! Keine Geburt, keine Blutung kann so dringend sein.

Wenn man mit Blaulicht fährt, gibt es immer ein paar Idioten, die das erst in letzter Sekunde bemerken und, statt dass sie daraufhin rechts ranfahren, um Platz zu machen, einfach abrupt abbremsen.

Zum Glück besaß ich nicht mehr so viele Haare, die noch weiß werden konnten!

Der Ochse stand mitten auf der Wiese, aufgebläht und keuchend, grüner Speichel tropfte aus seinem Mund. Ich schüttete die mitgeführte Emulsion in die vorbereiteten Eimer, ließ den Kopf des Ochsen mit einem Schwitzkastengriff durch den Dorfschmied fixieren, stopfte die speziell konstruierte Sonde in den Pansen hinunter und begann wie wild zu pumpen. Diese Sonde, auch Kreissonde genannt, ringelte sich im Magen auf und versprühte mittels zahlreicher Löcher das Medikament im gesamten Hohlraum wie ein Sprengwagen zu früherer Zeit. Somit wurde der Schaum mit dem oberflächlich aktiven Mittel von allen Seiten benetzt, er fiel in sich zusammen und das Gas wurde wieder frei und konnte durch die Sonde entweichen.

Leider kam dieser Eingriff im vorliegenden Fall zu spät! Ehe ich noch die Hälfte des Gemisches in den Ochsen gepumpt hatte, verdrehte er die Augen, stieß ein Röcheln aus und fiel tot um!

„Schöner Mist!" Das war der einzige Beitrag des Dorfschmiedes zu diesem Drama.

Jetzt besaß er nur mehr zwei Ochsen.

„Tja", sagte ich und hob hilflos die Schultern, „hier geht es immer um Minuten! Dabei habe ich mich beeilt, so sehr ich konnte." Ich zeigte auf das noch immer kreiselnde Blaulicht am Autodach.

„Weiß ich. Gibt es da nichts, was man zur Vorbeuge machen kann?"

Ich hatte einmal mit einem alten Senner darüber gesprochen, der einmal dasselbe Problem gehabt hatte und deshalb jedem Rind in der Früh mit Gewalt einen Liter Apfelessig eingegeben hatte. Laut seiner Erzählung funktionierte das eine Zeitlang gut, bis er eines Tages einer widerspenstigen Kuh, die sich gegen die Behandlung heftig zur Wehr setzte, den Essig versehentlich statt in den Schlund in die Luftröhre goss und ihr damit komplett die Lunge verätzte. Das arme Vieh kotzte sich, als ich eintraf, schon das halbe Beuschl aus.

Da half natürlich auch nichts mehr!

„Na, das ist auch keine Lösung!", stimmte mir der Dorfschmied zu.

„Das Einzige, was Sie machen können, ist, die Tiere so oft wie möglich zu kontrollieren, und sobald eines beginnt, ‚voll' zu werden, ihm mit einem Schlauch so ein Mittel einzugeben. Das hat zwar nicht den gleichen schnellen Effekt wie meine Kreissonde, aber dort, wo es im Pansen hineinrinnt, entsteht wieder eine schaumfreie Öffnung, sodass der Gesamtdruck etwas gemildert wird und ich die Zeitreserve habe, rechtzeitig einzugreifen."

„Können Sie mir so ein paar Flaschen von dem Zeug dalassen?"

Jetzt hatte er den wunden Punkt berührt!

„Unglückseligerweise nein. Das Medikament ist schon längere Zeit, wie viele andere, nicht lieferbar und den spärlichen Vorrat, den ich noch habe, den brauche ich selbst für den Notfall!"

„Was helfen mir dann Ihre guten Ratschläge?" Ich konnte die Ungehaltenheit des Dorfschmieds gut nachvollziehen.

„Einen Tipp hätte ich noch für Sie!", sagte ich, während ich meinen Kopf kratzte. „Nehmen Sie ein Geschirrspülmittel und probieren Sie es damit. Das hat ebenfalls eine oberflächenaktive Wirkung, weil in einem schlecht ausgespülten Bierglas fällt bekanntlich der Schaum auch sofort zusammen!"

Das leuchtete ihm ein.

„Noch etwas!" Ich machte eine weitausholende Armbewegung über die Weide: „Nächstes Frühjahr müssen Sie die gesamte Weide umgraben und frisches Gras setzen. Bei Ihnen wächst nämlich ungeheuer viel Klee und ein hoher Kleeanteil begünstigt die Entstehung einer Aufblähung!"

Nachdem ich alles Pulver an meinen Ratschlägen verschossen hatte, blieb mir nichts anderes übrig, als mich zu verabschieden mit der inbrünstigen Hoffnung, so bald dem Dorfschmied nicht erneut über den Weg laufen zu müssen.

Aber wie es der Teufel haben will.

Schon am nächsten Samstagvormittag, ich hatte an diesem Wochenende Dienst, summte mein Handy und der Dorfschmied war dran: „Es ist schon wieder einer ‚voll'!", röhrte er an mein Ohr.

Mir wurde schwarz vor den Augen! Ausgerechnet heute! Ich war nämlich im Nachbartal gewesen, eine massive Euterentzündung zu behandeln, und befand mich nun auf der Rückfahrt über die Bundesstraße, wo sich die Urlauberkolonnen Richtung Heimat bewegten. Das heißt, von Bewegung konnte keine Rede sein, ich steckte im Stau und an ein Überholen war nicht zu denken, da hätten mir auch zehn Blaulichter nichts genützt.

Im Schritttempo kam ich voran, ich saß wie auf Nadeln und es waren immer noch einige Hundert Meter bis zur Abzweigung ins Gasteinertal. Dabei hatte ich ununterbrochen das Bild eines Ochsen vor mir, der mit dem Leben und den Minuten kämpfte.

Endlich hatte ich die Abfahrt in den Gasteiner Tunnel erreicht, mit quietschenden Reifen nahm ich die Kurve und kurz darauf hielt ich mit quietschenden Bremsen (ein Tierarztauto musste, wie die Tierarztfrau, hart im Nehmen sein) an der Weide vom Dorfschmied.

Der hatte ein paar Helfer engagiert, die um den Ochsen herumstanden.

Zu meinem Erstaunen machte das Tier gar keinen so schlechten Eindruck, zwar war eine deutliche Aufblähung noch immer vorhanden, aber die Atmung ging nicht so schwer und auch der Kreislauf schien mir aus der Entfernung noch intakt.

Ich schnappte meine Ausrüstung und gummistiefelte über die Wiese. Mit Hilfe des reichlich vorhandenen Personals war es ein Leichtes, die Sonde einzuführen, und gleich darauf konnte man zusehen, wie der Blähbauch des Ochsen abnahm. Eine stinkende Wolke von Pansengasen hüllte uns ein, aber in dem Moment hätte ich den Geruch nicht um die Burg gegen Chanel Nr. 5 getauscht.

„Großartig, Herr Doktor, Ihr Tipp war goldrichtig! Wie ich gesehen habe, dass der Bursche die gleichen Anzeichen wie die anderen zwei zeigte, ist mir kurz schlecht geworden. Weil ich Trottel vergessen habe, ein Geschirrspülmittel zu besorgen, und wir haben in unserer Küche ja nur Geschirrspüler mit diesen Tabletten!"

„Und? Was haben Sie getan?"

„Ich habe meinen inneren Schweinehund überwunden und bin hinüber zu der Höller, weil die wäscht noch mit der Hand ab! Sie kann mich zwar nicht leiden, aber für Tiere hat sie ein Herz! Und so hat sie mir eine ganze Flasche PRIL gegeben, na und damit habe ich die Sache hinausgezögert, bis Sie gekommen sind!"

„Na und jetzt sind Sie Ihrer Intimfeindin sogar eine Flasche Geschirrspülmittel schuldig?", grinste ich ironisch.

„Nicht nur das! Sie bekommt auch einen gewaltigen Blumenstrauß und eine Bonbonniere in der Größe von einem Quadratmeter, wenn es sowas gibt! Und ihre Hundsviecher sollen tun und lassen, was sie wollen, außer, sie beißen meine Gäste!"

So kann ein einfaches Geschirrspülmittel auch dazu beitragen, eine verfeindete Nachbarschaft zu entspannen!

Geflügelte Liebe

Ich hatte in meiner langjährigen Praxis ja schon so einiges erlebt, aber das war sogar mir ein Novum!

Beim Sagmüller hatte sich ein Fohlen einen ordentlichen Hautriss am Stacheldraht zugezogen.

Als ich eintraf, blutete die Verletzung zwar nicht mehr, aber sie gehörte unbedingt versorgt.

„Wollen Sie das nicht nähen?", frug mich die Sagmüllerin erstaunt, nachdem ich keinerlei Anstalten dazu machte.

„So etwas nähe ich seit mehr als zwanzig Jahren nicht mehr!", erklärte ich. „Pferdehaut ist nämlich, mit Verlaub gesagt, ein ‚Klumpert'! Die ersten fünf Tage schaut alles schön aus, aber am sechsten beginnt die Wunde aufzureißen und zu nässen! Schade um die Arbeit und die Kosten! Das erledige ich viel eleganter!"

Tatsächlich bevorzugte ich in solchen Fällen die offene Wundbehandlung. Eine antibiotische Abdeckung, verbunden mit einer Gabe Tetanus-Serum plus einer Laser-Bestrahlung und dann drückte ich den Besitzern eine Flasche Wundspülmittel in die Hand und verordnete, sobald die Flasche leer war, eine Nachbehandlung mit „Roswurz"! Ursprünglich hatte ich geglaubt, die Pflanze hieß „Rosswurz", weil ich ihre Anwendung bei einigen Bauern mit Pferdehaltung kennengelernt hatte, was sich jedoch als Irrtum herausstellte. Beim Roswurz handelte es sich, wie der Name besagte, um eine Wurzel, die der Kundige finden und ausgraben konnte.

Ich selbst würde wahrscheinlich blind darüber stolpern, ohne zu ahnen, was für ein Schatz Mutter Natur hier für mich bereithielt.

Aber weil meine Bauern wussten, dass ich alte Heilmittel gerne zur Anwendung brachte, überließen mir manche eine Anzahl

Knollen, aus denen ich durch Extraktion mit heißem Wasser einen Sud herstellte, der sich in ausgekühltem Zustand hervorragend zur Wundbehandlung eignete.

Überhaupt sollte man solchen Methoden wieder vermehrt Augenmerk schenken.

Bei „Pferde-Gallen" zum Beispiel, so heißen chronische Schleimbeutelerweiterungen vorzugsweise im Bereich der Gelenke, sieht die Schulmedizin ziemlich alt aus. Meist bleibt nur die operative Beseitigung.

Eine Salbe aus Weißem Zahnwurz, oder auch Sanickel genannt, dagegen bringt verblüffende Ergebnisse, ebenso bei Nabelbrüchen. Als ich das erste Mal davon hörte, strotzte ich nur so vor Skepsis, noch dazu, weil man das Mittel kreisförmig gegen den Uhrzeigersinn und das ausschließlich bei abnehmender Mondphase auftragen sollte. ‚So ein esoterischer Humbug', fluchte ich innerlich.

Aber nachdem ich mir bewusste Galle einige Wochen später erneut betrachtet hatte, revidierte ich beschämt meine Meinung. Es war kaum zu glauben, die Beule war um gut zwei Drittel geschrumpft. Hier bewahrheitete sich wieder einmal die abgedroschene Phrase, dass es mehr Dinge zwischen Himmel und Erde gibt, von denen sich unsere Schulweisheit nichts träumen lässt!

Das Problem war nur, dass der Zahnwurz hauptsächlich in Buchenwäldern gedeiht, die in unserer Gegend so rar sind wie Lotto-Sechser, und sogar im spezialisierten Kräuterfachhandel nicht zu bekommen ist.

Jedenfalls war ich, was den Roswurz anbelangte, unbedingt optimistisch!

Damit schien ich auch die Bäuerin angesteckt zu haben, denn als ich ins Auto steigen wollte, kam sie mir nach und hielt eine Henne im Arm: „Herr Doktor, können Sie sich kurz das Hendl anschauen? Eigentlich wollte ich ihm schon den Hals umdrehen, aber es ist meine beste Legehenne und die zutraulichste, und weil Sie schon da sind …!“

Ich nahm ihr das Tier ab und drehte es hin und her. Also gut sah das nicht aus! Der linke Ständer war abgeschält, dass man den Knochen sah, der Kamm war eine einzige blutige Masse und am Rücken fehlten sämtliche Federn, dafür klaffte dort ein tiefes Loch, in dem sich schon Fliegenmaden tummelten.

„Ich weiß nicht, was passiert ist. Wie ich sie gefunden habe, war sie schon so. Vielleicht ist sie einem jungen Fuchs in letzter Sekunde entkommen!“

Ich war überzeugt, dass die meisten Großtierpraktiker gesagt hätten: „Was soll ich damit? Ab in den Suppentopf!“

Verständlich, wer kann schon einem verletzten Huhn Krankenbesuche abstatten.

Da ich jedoch aus meiner kurzen Zeit als Geflügeltierarzt wusste, über welche sagenhaften Heiltendenzen Hühner verfügten, beschloss ich, mich der Sache anzunehmen.

„Ich bringe sie zu mir in die Praxis. Dort habe ich die Möglichkeit, sie regelmäßig zu behandeln! Wenn Sie gesund wird, kriegen Sie sie zurück!“

Die Sagmüllerin zögerte: „Zahlt sich das aus? Was wird das kosten?“

„Ein paar Eier und eine Flasche von Eurem Enzian! Ich brauche etwas zum Transportieren!“

Die Bäuerin holte einen alten Wäschekorb aus geflochtener Weide, ich setzte meine neue Patientin hinein, wir spannten ein Leintuch darüber und fertig war die Sanitätskiste.

„Hat das Hendl auch einen Namen? Weil Sie was von Zutraulichkeit gesagt haben?“

Da lachte die Sagmüllerin: „Na, Sie gefallen mir, Herr Doktor! Den Hendln Namen geben! Soweit kommt’s noch!“

Normalerweise verhalten sich Tiere im Dunklen ruhig, aber dieses Huhn gackerte ununterbrochen während der gesamten Fahrt!

„Ich werde Dich Susi nennen!“, rief ich ihr durch das Leintuch hindurch zu. Auf der Uni hatte ich eine Studienkollegin mit dem gleichen Namen, die konnte auch nie den Schnabel halten.

Daheim in der Ordination holte ich Susi aus ihrem Gefängnis und bat Karin, sie mir zu halten, damit ich ungestört arbeiten konnte.

Anfangs zeigte sie sich nicht sehr erfreut darüber, weil sie noch nie ein zappelndes Huhn – Backhendln pflegen so etwas nicht zu tun – in der Hand gehalten hatte, noch dazu eines, aus dem die Maden herausgekrochen kamen.

Diese Biester pflückte ich als erstes mit der Pinzette aus der Wunde und füllte das Loch mit meinem berühmten Roswurz an. Ebenso verfuhr ich mit dem verletzten Bein und legte einen hauchdünnen Honigverband darum. Zuletzt versuchte ich noch, den blutigen Kamm einigermaßen in Form zu bringen. Zum Abschluss spritzte ich noch eine ordentliche Portion Antibiotikum in den Brustmuskel und Susi kam zusammen mit einem Schälchen Wasser wieder in ihr provisorisches Behältnis.

Auf dem Weg zu den Nachmittagsvisiten legte ich noch einen kurzen Stopp im Lagerhaus ein und erstand einen Sack Vogelfutter für Susis Abendessen.

Mit jedem neuen Tag stellte ich befriedigt fest, wie gut der Heilungsprozess voranschritt, die grausige Rückenwunde begann sich zu schließen und auch das Bein setzte bereits wieder Fleisch an. Was mich aber noch mehr erfreute: Susi hatte jede Scheu abgelegt, ja, sie genoss geradezu die Nachbehandlungen und offenbar meine Gegenwart, aus dem aufgeregten Gegackere zu Beginn war ein sanftes „Grok“ geworden und sie knabberte zärtlich an meinem Finger.

Eine Woche später beschloss ich, Susi Auslauf zu gewähren, und setzte sie in unseren Garten.

Dort trieb sie sich mit sichtbarer Begeisterung herum, am liebsten waren ihr die Stunden nach einem Regen, weil sich da die fettesten Würmer im Gras kringelten, und falls sie sich einmal zu den Nachbarhühnern verirren sollte, konnte ich sie an ihren Blessuren mühelos identifizieren.

Nur am Abend musste sie wieder in ihre Behausung, wer weiß, vielleicht war ein Jungfuchs auch hier unterwegs.

Nach weiteren zwei Wochen war von den Wunden nichts mehr zu sehen, nur die Rückenfedern würden noch eine Weile brauchen und deshalb war es an der Zeit, Abschied von meiner kleinen Freundin zu nehmen.

Auf dem Sagmüllerhof wurden wir herzlich empfangen, dem Fohlen ging es gut und über Susis Zustand murmelte die Bäuerin mehrmals: „Das hätte ich nicht geglaubt!"

Die Eier und den Selbstgebrannten musste ich nehmen, obwohl das von mir damals nur als Scherz gemeint gewesen war.

Und ab der Zeit begann das Unglaubliche!

Jedes Mal, wenn ich auf dem Sagmüllerhof vorfuhr, kam flatternd ein Huhn auf mich zu gerannt, umkreiste meine Beine, drückte sich dagegen und ließ ein vertrautes „Grok" hören.

„Die hat ja direkt einen Narren an Ihnen gefressen", meinte die Sagmüllerin, „so was habe ich noch nie erlebt!"

„Ich auch nicht!", gestand ich! Zwar war mir bekannt, dass Hühner durchaus intelligente Tiere sind, die Beschimpfung „Du dummes Huhn!" hatte überhaupt keine Berechtigung, aber dass eine solche Bindung zum Menschen möglich war, war mir ein Rätsel.

Allerdings gibt es ja auch solche innigen Beziehungen bei anderen Vögeln, zum Beispiel Raben, Papageien oder sogar in Tiergärten.

„Jedenfalls eine, die meine Kunst zu schätzen weiß!"

„Wir doch auch!", protestierte die Sagmüllerin.

Ich musste nur jedes Mal höllisch aufpassen, dass ich sofort nach dem Aussteigen die Wagentür schloss, denn – hast du's nicht gesehen – saß Susi schon drinnen. Und stubenrein war sie schließlich leider nicht!

Einige Zeit später, ich war gerade wieder aus dem Auto geklettert, hielt mir die Sagmüllerin einen Plastiksack mit schwererem Inhalt entgegen „Für Sie!"

Ich schaute hinein. Da drin befand sich ein gerupftes und ausgenommenes Huhn!

Auf meinen fragenden Blick sagte die Bäuerin: „Weil die Susi Sie so gerne hat mögen, habe ich mir gedacht, vielleicht mögen Sie auch die Susi!"

„Nein!", schrie ich, „Sie haben doch nicht meinetwegen …!"

Ein Grinsen war die Antwort: „Keine Angst, Herr Doktor. Die Susi wäre ja auch schon zu alt! Das ist natürlich ein junges Hendl! Lassen Sie es sich gut schmecken! Und die Susi sitzt sowieso schon wieder auf der Rückenlehne vom Fahrersitz!"

„Grok!"

Ein Dichter hat es einmal so ausgedrückt: „Die Liebe kommt auf mächtigen Schwingen daher!"

Manchmal aber, und deswegen nicht weniger herzerhebend, können es auch gewöhnliche Hendlflügel sein!

In Rausch & Brand

Jedes Frühjahr tröpfelten sukzessive die Anmeldungslisten zur Rauschbrandimpfung bei mir ein. Rauschbrand ist eine bakterielle Erkrankung, verursacht durch Clostridien, die es nur in Gebirgsgegenden auf höhergelegenen Weiden oder Almen gibt. Diese heimtückischen Biester verbergen sich im Boden und bilden Sporen als Dauerformen aus, die vierzig Jahre lang jeder Hitze, Trockenheit, Nässe und auch strengem Frost widerstehen.

Doch sobald ein Rind das Gras ausrupft und dabei ein wenig Erde mitnimmt, gelangen diese Sporen in den Darm, wo sie zu aktiven Bakterien auskeimen, die dann den Körper überschwemmen. Dabei bilden sie Gase, welche besonders in der Rückenpartie das charakteristische Symptom hervorruft. Wenn man nämlich mit der Hand darüberstreicht, verspürt man ein Knistern, es „rauscht" also. Die Krankheit verläuft in den überwiegenden Fällen derart rasch und heftig, dass jede Hilfe zu spät kommt. Interessanterweise entsteht mit dem dritten Lebensjahr eine Altersresistenz, sodass Kühe nicht mehr gefährdet sind. Das Risiko liegt also ausschließlich beim Jungvieh.

Ein einziges Mal hatte ich einen Rauschbrandpatienten noch im lebenden Zustand angetroffen, es handelte sich um ein weibliches Kalb im Alter von ungefähr sechs Monaten mit hohem Fieber, Lidschleimhäuten von schmutzig-verwaschener Farbe und einem allgemein beklagenswerten Zustand. Da es jedoch noch nicht auf der Alm gewesen war, sondern auf einer Weide knapp oberhalb des Heimhofes seine Zeit verbracht hatte, wo es bis zu dem bewussten Tag noch niemals ein Rauschbrandvorkommen gegeben hatte, kam ich am Anfang gar nicht auf die Idee. Es war mir nur klar, dass das Kalb an einer massiven Infektion litt.

Mehr als eine stärkende Infusion zu setzen und ein Breitbandantibiotikum samt Entzündungshemmer, der auch das Fieber senken sollte, zu verabreichen, blieb mir daher nicht. Deshalb überwog auch meine Skepsis, die ich seriöserweise der Bäuerin mitteilte, was die Erfolgsaussichten anbelangte. Als ich mich von dem Tier mit den Worten „Sei so gut und blamier mich nicht" verabschiedete und ihm dabei aufmunternd auf den Rücken schlug, spürte ich das verräterische Knistern. Da wusste ich, was die Uhr geschlagen hatte. Drei Stunden später war das Kalb tot. Das einzig Tröstliche an der Geschichte war das Bewusstsein, dass ich auch bei sofortiger Diagnose nicht mehr hätte machen können. Diese Clostridien lassen sich nämlich auch durch moderne Antibiotika nicht in den Griff kriegen. Das gilt auch für ihre Verwandten, die den Wundbrand und den Starrkrampf verursachen.

Es ist also ungeheuer wichtig, wenn es auf gefährdete Almen gehen sollte, vorher eine Schutzimpfung durchzuführen!

Meine Bauern sind da ziemlich konsequent. Während andere Kollegen oft klagen, dass in ihrem Praxisgebiet die Impfdisziplin nachgelassen habe, dann aber das große Gejammer einsetzt, sobald ein Tier an Rauschbrand verendet war, habe ich im Frühjahr neben der sonstigen Visitenarbeit alle Hände voll zu tun, um die Wünsche meiner Kunden zeitgerecht zu befriedigen.

Früher, als noch die Anbindehaltung Standard war, gelang dies leichter. War zufälligerweise einmal niemand anwesend, was ziemlich selten vorkam, musste man nicht unverrichteter Dinge wieder wegfahren, sondern schätzte das Alter der Tiere und begann mit der Arbeit, indem man sich zwischen zwei Rindern hineinquetschte, bis man beim Kopf angelangt war, eine Hautfalte am Hals hochzog und mit der anderen Hand den Impfstoff subcutan spritzte.

Natürlich ging das nicht ganz widerstandsfrei über die Bühne, die Tiere zappelten und nicht selten trampelte eines davon auf die tierärztlichen Füße. Die Andenken an die zu Ende gegangene Impfsaison in Form blauer Zehen behielt man noch einige Monate lang.

Ein älterer Kollege pflegte, sich regelmäßig danach einen zweiwöchigen Erholungsurlaub zu gönnen, in dem er ans Meer fuhr und sich an den Strand legte, wo ihm bestimmt kein wie immer geartetes Hornvieh über den Weg laufen würde. Dort hatten Vorbeikommende entsetzt seine übel zugerichteten Beine gemustert, erzählte er mir später, und seine Frau hätte sich stets furchtbar geniert.

Heutzutage funktioniert das im Zeitalter des Freilaufstalles nicht mehr so einfach! Da fast jeder Bauer im Nebenerwerb tätig ist, muss man überall eine telefonische Terminvereinbarung treffen, damit die Tiere rechtzeitig im Fressgatter fixiert sind.

Denn vom Tierarzt lässt sich kein Rindvieh einsperren, schön blöd wäre es. Dazu kommt, dass die Mutterkuhhaltung starken Aufschwung erfahren hat und die Tiere nicht mehr an den täglichen Kontakt mit Menschen gewöhnt sind und dadurch scheuer und bisweilen aggressiver agieren als früher.

Deshalb hatte ich mir schon vor Jahren einen Impfstab zugelegt. Dieses Gerät stammt ursprünglich aus der Schweinehaltung und erlaubt eine Impfung aus größerer Distanz, jedenfalls bis zur Länge des Stabes und des ausgestreckten Armes. Es braucht damit aber eine gewisse Übung, um die richtige Stelle neben der Schwanzwurzel präzise zu treffen, weil sich das lange Instrument schwerer dirigieren lässt. Jedoch gibt es einem ein gewisses Gefühl der Sicherheit, das aber auch trügen kann.

Zweimal war es mir trotzdem passiert, dass ein ausschlagendes Tier mit der Hornklaue die Entfernung überbrückte, eine großgewachsene Kalbin hatte mir dabei den halben Zeigefinger abgeschält und ein zweijähriger Ochse reichte noch weiter bis zum Handgelenk, sodass mir danach die Glassplitter der zerschlagenen Armbanduhr in der Haut steckten.

Seither zog ich immer Handschuhe an und band mir den Beinschutz meiner alten Kickbox-Ausrüstung aus der Jugendzeit um den Unterarm.

Als die Bauern mich so ausgestattet das erste Mal erblickten, fragten sie bedauernd: „Haben Sie was am Arm, Herr Doktor? Waren Sie im Krankenhaus?“

„Nein! Und damit das so bleibt, trage ich diesen Schutz!“

Aber das elfte Gebot lautet bekanntlich: Du sollst Dich nicht täuschen!

Einem männlichen „Tuttler“ – so heißen bei uns die Mutterkuhkälber, weil sie ständig an der Kuh „tutteln“, also saugen –, der dem Eberl-Bauern gehörte, war wenig begeistert über die Vorstellung, geimpft zu werden. Da es im Stall keine Möglichkeit gab, den Wildfang für einen Augenblick einzusperren, begann eine spektakuläre Verfolgungsjagd zwischen ihm und mir.

Er war dabei mit seinen vier Beinen im Vorteil. Endlich, als ich schon glaubte, ein Sauerstoffzelt zu benötigen – ich hatte ihm schließlich etliche Jährchen voraus –, gelang es mir, ihn in eine Ecke zu drängen. Dadurch konnte ich jedoch nicht den Sicherheitsabstand einhalten und der Kerl schlug, sobald er die Nadel spürte, mit beiden Hinterbeinen wie ein Lipizzaner aus der Hofreitschule aus. Dabei erwischte er mich am Handgelenk. Dank meiner Vorbeugungsmaßnahmen erlitt ich zwar keine äußere Verletzung, aber eine schwere Zerrung, die ich noch bis in den Winter hinein bei jeder Bewegung spürte.

Damit mir das nicht noch einmal passierte, bat ich Karin im nächsten Jahr, beim Eberl anzurufen und ihm von mir einen schönen Gruß auszurichten, er möge diesmal eine Hilfe organisieren, zwei zusätzliche Leute würden genügen, und bei der geringen Stückzahl von neun Kälbern wäre das Ganze ohnehin in zehn Minuten vorbei.

Der Eberl war ein unheimlich netter und verlässlicher Mensch, mit dem ich immer das beste Einvernehmen hegte. Ich hatte bei ihm allerdings im Laufe der Jahre manch kniffeligen Fall gelöst.

Deshalb war mein Erstaunen und Ärger umso größer, als ich keine weiteren Helfer entdecken konnte.

„Ach was, das machen wir schon, Herr Doktor! Diesmal halte ich sie Ihnen!"

‚Wie willst du mir denn so ein Kalb mit zweihundertdreißig Kilo halten', dachte ich, aber wer will schon streiten und so folgte ich ihm leise murrend in den Stall.

Damit machte ich einen entscheidenden Fehler. Anstatt zu sagen: „Es war ausgemacht, dass wir Unterstützung haben, daher fahre ich jetzt wieder und komme erst, wenn noch ein paar Leute da sind!", ließ ich mich auf die Sache ein.

Man muss sagen, der Eberl bemühte sich aus Leibeskräften, er fing die Tiere eins nach dem anderen ein und presste sie mit einer Seite an die Wand, indem er mit der Linken gegen den Hals drückte und mit der Rechten gegen das Becken.

Achtmal ging das so einigermaßen gut, nur sind halt die Leibeskräfte mit fortschreitender Dauer endend und, wie es so ist, das letzte Kalb war das schwerste und ungebärdigste.

Keuchend stemmte sich der Eberl gegen das Vieh, aber genau in dem Moment, in dem ich zustechen wollte, kam es ihm aus. Ich konnte gerade noch die Lanze zurückziehen, wobei jedoch die Nadel in die Luft ragte. Der Eberl unternahm einen Versuch, das Kalb doch noch zu erhaschen, und rammte sich dabei die Nadel in den linken Handteller. Er wurde blass: „Kann ich jetzt was kriegen?", fragte er entgeistert.

„Zumindest keinen Rauschbrand!", lachte ich, obwohl ich natürlich nicht abgedrückt hatte.

Ich nahm das Ganze nicht so ernst. Meine Güte, was hatte ich mich im Verlauf meiner Praxiszeit schon an allen möglichen Nadeln gestochen, mit der Tuberkulinspritze, unzähligen anderen Spritzen, ja sogar mit diesem Impfstab, wenn er quer hinten im Auto lag und ich unvorsichtig hineingegriffen hatte, um schnell ein Medikamentenfläschchen herauszuholen.

„Geben Sie sich ein Desinfektionsmittel drauf und anschließend eine Traumeel-Salbe!", riet ich leichthin.

Am nächsten Tag rief ich den Eberl an, um mich zu erkundigen, wie es ihm gehe. Natürlich war mir die Sache unangenehm, obwohl er meine Anweisung nicht befolgt hatte: Wie heißt es so richtig: „Zu Risiken und Nebenwirkungen fragen Sie Ihren Tierarzt und nicht den Apotheker!"

„Mir geht es nicht so gut!", lautete die matte Antwort. „Ich bin im Spital!"

„Ja um Himmels Willen, wegen der kleinen Stichverletzung?"

„Nach einer Stunde hat die Wunde zum Arbeiten angefangen, also bin ich zur Hausärztin, da war die Pratze schon doppelt so dick, und die hat mich gleich ins Krankenhaus überwiesen. Jetzt liege ich da und werde mit Antibiotika vollgepumpt!"

Als ich Karin beim Heimkommen von der dramatischen Entwicklung erzählte, bekam ich von ihr auch noch mein Fett weg: „Weil Du immer von Dir auf andere schließt. Du natürlich mit Deiner Elefantenkonstitution!

‚Die braucht man ab und zu in einer Ehe', dachte ich, behielt es aber vorsichtigerweise für mich.

Nach ein paar Tagen rief ich erneut den Eberl an!

„Ja, es wird schon besser, die Finger kann ich schon wieder abbiegen!"

Die Geschichte hatte sich natürlich wie ein Lauffeuer verbreitet.

Der Haberlbauer empfing mich mit breitem Grinsen: „Wir haben schon einen besonderen Tierarzt! Die Viecher macht er gesund und die Bauern bringt er ins Krankenhaus!"

Darüber konnte ich nur bedingt lachen.

Worüber ich aber herzhaft lachen konnte, war der Auftritt eines etwas dicklichen Mannes in meiner Ordination, der trotz der Hitze eine grüne Strickweste mit etlichen Löchern und eine dunkelbraune Schnürlsamthose trug.

Er drehte verlegen einen zerflederten Strohhut in den Händen: „Grüß Gott, Herr Doktor! Ich bin der Lift-Rudl, falls Sie mich noch nicht kennen!"

Ich kannte ihn persönlich tatsächlich nicht, aber gehört hatte ich schon von ihm. In seiner Kindheit hatte er Gehirnhautentzündung gehabt und seither war er etwas zurückgeblieben.

Lift-Rudl hieß er deshalb, weil er damals, als es noch die Bügellifte gab, den Leuten die Holzbügel unterschob und dabei mancher Schifahrerin den Hintern mehr als nötig berührt hatte. Daraufhin war er zwar entlassen, aber wegen erwiesener Schwachsinnigkeit, so das Gutachten, nicht belangt worden! Seither hielt er sich mit einfachen Gelegenheitsarbeiten über Wasser!

Mir tat der arme Mensch leid und so fragte ich freundlich: „Was kann ich für Sie tun?"

Er zögerte einen Moment, dann rückte er heraus: „Ich habe gehört, dass es eine wirkungsvolle Rauschbrandimpfung gibt!"

„Schon seit längerer Zeit!", bestätigte ich mit einem Kopfnicken.

„Können Sie sowas auch bei mir machen?"

Mir war schleierhaft, woher der Lift-Rudl irgendwelche Rinder haben sollte, deshalb fragte ich: „Welche Tiere meinen Sie?"

Da brach er in ein meckerndes Kichern aus: „Nein, bei mir! Bei mir selbst! Schauen Sie, Herr Doktor, immer wenn ich mit einem Rausch nachhause komme, habe ich am nächsten Tag so einen fürchterlichen Brand. Und da habe ich mir gedacht, wenn es was gibt, das zwei Fliegen mit einer Klappe schlägt, dann gebe ich dafür gern ein bisschen Geld aus."

Ich schüttelte den Kopf: „Mein lieber Freund, Rauschbrand ist etwas ganz anderes als ein Rausch und ein Brand! Wenn ich gegen sowas ein Mittel hätte, würde ich um den Nobelpreis ansuchen." Da der Rudl offenbar keine Nobelpreise zu verleihen hatte, trollte er sich enttäuscht.

Ich sah ihm nach und dachte, wie gerne wir uns Menschen doch unseren Wünschen und Illusionen hingaben.

Allerdings, wenn ich an unseren Nachbarsrüden, einem weißen Retriever namens Quappila, dachte, der jedes Mal, sobald ich in die Garage einfuhr, dastand mit der Illusion, er würde von mir einen Leckerbissen zugesteckt bekommen, was ohnedies häufig geschah, fiel mir wieder einmal mein schon oft wiederholtes Credo ein: „Tiere sind auch nur Menschen!"

Kleine Episode mit der Leberwurst

Vor ein paar Jahren hatte unsere Nachbarbäuerin aus ihrem damals reichlichen Katzenfundus ein junges Kätzchen an unseren zweiten Nachbarbauern verschenkt, der zu der Zeit gerade katzenlos war, weil seine letzte von einem Auto überfahren worden war.

Das war die Krux an unserem Grätzl, denn obwohl die schmale Straße, die da durchführte, keine Bundesstraße, ja nicht einmal eine Landesstraße war, fuhren die Leute oder gerade deshalb mit erheblicher Geschwindigkeit darüber. (Ich weiß, ich sitze mitten im Glashaus und sollte keine Steine werfen!)

Das sorgte für eine stete Regulierung des hiesigen Katzenbestandes. Hier darf ich mich jedoch ausnehmen, ich konnte noch jeder ausweichen und mit reinem Gewissen weiterfahren. Bis auf eine Ausnahme, die sich allerdings in meiner Garage ergab.

Da aber Mäuse es vorzogen, nicht abrupt die Straße zu überspringen, bekam der Nachbarbauer unserer Nachbarbäuerin mit der Zeit ein gewisses Problem, sprich, die stark angestiegene Mäusepopulation fraß ihm zwar nicht die Haare vom Kopf, richtete jedoch in der Futterkammer beträchtlichen Schaden an.

Deshalb sollte die Zukunftskatze Abhilfe schaffen.

Doch das, was als Nachbarschaftshilfe gedacht war, entpuppte sich als Rohrkrepierer!

Denn der Nachbarbauer hatte auch noch einen Hund, der mit Katzen auf Kriegsfuß stand.

Vielleicht hatte deswegen die letzte den Freitod unter dem Autoreifen gewählt.

Die neue hatte jedoch offenbar keine Lust, ständig unter der Fuchtel des Hofhundes zu leben, und wanderte aus. Katzen brauchen dazu kein Ränzel zu schnüren oder einen Überseekoffer zu packen, sie marschieren einfach ein paar Häuser weiter.

Im vorliegenden Fall landete sie bei meinem Nachbarn. Der hatte zwar auch einen Hund, jenen besagten Retriever namens Quappila, aber der mochte sowieso alles und jeden. Im Gegenteil, kaum war das Kätzchen eingezogen, übernahm es sofort das Kommando im Haushalt.

Unser Nachbar war begeistert über den Zugang und nannte den kleinen Migranten „Mimi"!

Mimi wuchs heran und war rundherum zufrieden mit ihrem Leben. Das änderte sich jedoch schlagartig, als ein weiterer Hinzuzögling eintraf. Ein schwarz-weißes Jungkaterchen, das sofort auf den Namen Max getauft wurde.

Mimi war schwer empört über den Neuankömmling, sie pfauchte ihn bei jeder Gelegenheit an und saß die übrige Zeit verbiestert in der Gegend herum. In der Regenrinne, am Gartenzaun oder an der Straßenecke.

Mochte sie auch Mimi heißen, ich nannte sie ab da nur mehr „beleidigte Leberwurst!"

Leider wurde Max das Opfer seiner Zuneigung zu mir, ich habe das in einem vorherigen Buch beschrieben, weil der kleine Trottel, als ich langsam in die Garage einfuhr, mir vor den Hinterreifen lief.

Die einzige, die keine Trauer empfand, war die Leberwurst. Im Gegenteil, seit diesem Tag kam sie mich regelmäßig besuchen, wie wenn sie gewusst hätte, dass ich sie von der lästigen Konkurrenz, wenn auch unfreiwillig, befreit hatte.

Sie platzierte sich auf ihrem mittlerweile ausgeprägten Hinterteil vor mir und maunzte mich an. Ich konnte einer maunzenden Katze mit erwartungsvollen Augen noch nie widerstehen. Also holte ich eine Scheibe Toastschinken aus dem Kühlschrank und hielt sie ihr hin.

Da sie vom Nachbarn sonst nur das gewöhnliche Dosenfutter gewöhnt war, schnabulierte sie den Schinken mit sichtlichem Behagen.

Am nächsten Tag saß sie wieder da! Also noch einmal eine Scheibe Toastschinken.

Tags darauf kam sie wieder. Nur hatte ich diesmal keinen Schinken und hob bedauernd die Hände.

Und jetzt geschah das Verblüffende. Offenbar kam sie zu der Einsicht, dass sie sich für die Essenseinladung revanchieren musste.

Tags darauf kam sie mit einer toten Maus im Fang, die sie mir vor die Füße legte. Dann setzte sie sich auf ihren Steiß und miaute nach dem Schinken.

So ging das Tag für Tag und wir schlossen einen Handelspakt: da die Maus, hier der Schinken.

Manchmal, sehr selten, brachte sie jedoch keine Maus, aber wie man weiß, das Jagdglück ist einem nicht immer hold. Da tat ich mir mit dem Schinken aus dem Kühlschrank schon leichter!

Eines Tages läutete es morgens an der Tür, ich stand gerade in Unterhose und Hemd da, weil ich mich für die Visiten anzog, und Karin war noch im Bad.

„Kruzitürken, wer will denn schon um halb acht Uhr was von mir?", knurrte ich, langte den weißen Praxismantel aus der Kleintierordination vom Haken und zog ihn mir über. Es hätte ja ein weiblicher Störenfried sein können!

Es war aber ein vollbärtiger Müllmann, der mich ob meines Aufzugs verwundert musterte, dann aber loslegte: „Sagen Sie, Herr Doktor, was stinkt denn seit einiger Zeit gar so erbärmlich aus ihrem Mistkübel?" Da sich die Mülltonne in ihrem Verschlag an der Grundgrenze befand, war mir eine etwaige Geruchsbelästigung bis dato verborgen geblieben.

„Es stinkt?"

„Aber wie!"

Komisch, dachte ich, dass gerade ein Müllmann über ein so zartes Näschen verfügte. Offenbar falsche Berufswahl. Als Tierarzt hätte er keine Chance gehabt!

Nach kurzem Nachdenken kam mir die Idee: „Das werden die Mäuse sein!“

Er glotzte mich an: „Mäuse? Da müssen Sie einen Kammerjäger rufen!“

„Ich habe kein Mäuseproblem! Die Katze von meinem Nachbarn schleppt mir jede Menge Mäuse an und die werfe ich in den Mistkübel!“

„Das geht doch nicht! Tierkadaver gehören doch in die Tierkörperverwertung!“

Das machte mich jetzt nachdenklich. Gewiss, eine tote Kuh stopfte man nicht so einfach in die Mülltonne, aber Mäuse? Ich konnte mir beim besten Willen nicht vorstellen, dass der Laster von der TKV mit seinem Auslegekran deswegen bei mir Halt machen würde.

„Was soll ich machen? Das Luder bringt mir die Maus und ich muss sie loswerden!“

„Das Katzenvieh soll die Maus gefälligst fressen. Anständige Katzen machen das!“

Hoppla, ein verkappter Zoologe! Kein Wunder, dass er geruchsempfindlich war.

„Sagen Sie das am besten der Katze, wenn Sie sie zufällig treffen!“

„Wahrscheinlich füttern Sie sie zu viel“, fuhr er fort, „die meisten Katzen sind sowieso zu fett!“

„Es ist nicht **meine** Katze!!!!! Wie oft soll ich das noch betonen? Sie gehört meinem Nachbarn!“

„Dann soll der Nachbar gefälligst die Biester entsorgen!“

Das war kein schlechter Einfall! *Vox populi, vox dei*!

Seither warf ich die toten Mäuse einfach meinem Nachbarn über den Zaun in den Garten!

Sieben auf einen Streich

Ich weiß, das tapfere Schneiderlein hat sieben auf einen Streich geschafft, aber für einen kleinen Landtierarzt sind vier auf einen Schlag auch schon ganz beachtlich.

So viele Kälber, vermeldete die Kogler-Bäuerin am Montagmorgen, hätte sie nämlich, die plötzlich gelähmt wären!

Bei der Nachricht musste ich erst einmal schlucken. In über dreißig Praxisjahren war mir ja schon so einiges untergekommen, aber so eine Horrorbotschaft noch nicht.

Während ich den engen Güterweg hinauffuhr, grübelte ich, was die Ursache dafür sein könnte.

Ein Kalb ließe ich mir ja noch einreden, aber gleich eine ganze Partie? Das Einzige, was mir einfiel, war eine Vergiftung!

Quatsch!

Woher sollen Saugkälber, die ausschließlich Muttermilch tranken, eine Vergiftung hernehmen?

Da erinnerte ich mich an ein Kapitel aus dem Buch meines berühmten und verehrten Kollegen James Herriot, dem englischen Doktor mit seinem lieben Vieh, der darin den Fall beschrieben hatte, bei dem mehrere Kälber erkrankt waren, weil im Stall für einen Anstrich Bleifarbe verwendet worden war, die nach und nach abblätterte und in die Tränkeimer fiel.

Aber diese Kälber waren blind geworden, wovon die Kogler-Bäuerin kein Wort gesagt hatte, und außerdem bestand ihr Stall nur aus Holz. Von Farbe keine Spur!

Aber vielleicht doch eine Holzschutzlasur? Auf dem Koglerhof gab es zwar keine Tränkeimer, die Kälber saugten bei ihren Müttern, aber vielleicht hatten sie die Wand abgeleckt?

Hat keinen Zweck, das Kopfzerbrechen. Ich werde vor Ort schon das Richtige erfahren! ‚Hoffentlich', setzte ich in Gedanken hinzu!

Der Hofhund Gero sprang, sobald er mein Auto erblickte, von seinem Stammplatz unter der Hausbank auf und begrüßte mich schweifwedelnd wie immer.

Ich gab ihm ein Hundestangerl und streichelte über seinen Kopf: „Du kannst mir auch nicht weiterhelfen, Du alter Depp, was?"

Er konnte nicht, nicht einmal nach einem zweiten Stangerl.

Jetzt kam die Kogler-Bäuerin mit wehender Kleiderschürze auf mich zugelaufen. Fast hätte ich ihr auch ein Hundestangerl angeboten.

„Seit wann sind denn die Kälber gelähmt?", fragte ich.

„Seit drei Tagen!"

Also nicht so plötzlich!

„Am Samstag, Sie hatten ja keinen Wochenenddienst, war die Vertretung da!"

Herr im Himmel! Nach so vielen Jahren gab es noch immer Leute, die nicht registriert hatten, dass Samstag für mich ein gewöhnlicher Arbeitstag war!

„Jedenfalls hat er die Kälber behandelt, aber es hat überhaupt nichts genützt. Sie liegen im Stall, und wenn wir sie zum Trinken aufstellen und zur Kuh hinüberschaffen wollen, saufen sie nicht!"

„Gibt es irgendetwas Neues im Stall? Einen Farbanstrich zum Beispiel?"

„Nein! Sie kennen ja meinen Schwiegervater! Der ist so stolz auf seine Schwalbennester unter der Decke, da dürfen wir nichts verändern!"

„Hm! Also schauen wir uns die Kandidaten einmal an!"

Die Kälber lagen verstreut im Stall, während die Kühe besorgt an ihnen herumschnüffelten.

Auf den ersten Blick sahen sie ganz normal aus, aber sobald man eines hochhob, sackte es zusammen wie eine Gliederpuppe.

Die Körpertemperatur war normal und auch sonst konnte ich nichts feststellen, was mir einen Hinweis auf diese mysteriöse Lähmung gab.

Das Einzige, was mir auffiel, war, dass eines der Kälber ein typisches Anzeichen von Verwurmung aufwies.

Konnte das die Ursache sein? In meinem Hinterstübchen erinnerte ich mich vage daran, dass Spulwürmer auch Gifte produzieren konnten. War das die Lösung?

Ich spritzte jedem Tier ein Entwurmungsmittel, dazu Vitamin B, das für Nervenerkrankungen immer gut war, und ließ noch meine geliebten Homöopatika *Gelsemium* und *Rhus toxicodendron* da. Beides bewährte Präparate bei Lähmungen.

Kaum war ich mit der Behandlung fertig, rief Karin an. Beim Wagnerbauern stand bzw. lag ein Kalb mit blutigem Durchfall und der Stranzl hatte eine Kuh, die nicht mehr „scheißen“ kann!

„Das war seine Ausdrucksweise!“, entschuldigte sich Karin.

Ich seufzte! Wovon der eine zu viel hatte, hatte der andere zu wenig!

Das Kalb vom Wagner litt unzweifelhaft an Kokzidiose, auch eine Parasiteninfektion, die bei rechtzeitiger Therapie leicht in den Griff zu bekommen war, in diesem Fall bestand der Kot nur aus einer Blutbrühe! Wenn nämlich die Darmzotten hinüber sind, rinnt es durch das Kalb durch wie in einem Abflussrohr.

Verständlich, dass auch dieses Tier keinen Appetit hatte. Es stand in seiner Box und presste dauernd mit dem After.

Ich legte sofort eine Infusion, denn die Hautelastizität hatte infolge des Flüssigkeits- und Elektrolytverlustes bereits merklich abgenommen, dann flößte ich dem Tier das Kokzidienmittel ein, gab zwei Injektionen und ließ einige Säckchen Durchfallpulver da.

„Geben sie ihm noch zweimal täglich eine Reisschleimsuppe!“, riet ich, nachdem ich die Behandlung abgeschlossen hatte. „Das ist auch so ein altes Hausmittel, welches bei Durchfallerkrankungen eine schützende Wirkung auf den Darm hat!"

Nun ging es zum entgegengesetzten Fall.

Der Stranzl trat bereits ungeduldig von einem Bein auf das andere, so, als müsse er selbst schon dringend aufs Klo.

„Na endlich!

„Tut mir leid! Den Pilotenschein bekomme ich erst nächste Woche zugeschickt!", antwortete ich ziemlich unterkühlt. „Um was geht es?"

„Hat Ihnen das Ihre Frau nicht ausgerichtet? Meine beste Milchkuh! Seit gestern frisst sie nicht mehr und kann nicht misten!"

„Na dann schauen wir, wo der Hase im Pfeffer liegt!" Ich weiß nicht, bin ich ein aussterbendes Exemplar, welches noch alte Redewendungen kennt?

Der Stranzl, von Haus aus kein Humorbolzen, glotzte mich an: „Was für ein Hase? Die Butter, meine Kuh!"

„Nur so eine Redensart! Ich hab's schon kapiert!"

Die Butter stand teilnahmslos im Stall und schaute trübselig vor sich hin. Ich zog das Stethoskop hervor und horchte den Pansen ab, aber da war gar nichts zu hören.

„Jedenfalls hat sie einen völligen Pansenstillstand!", verkündete ich.

„Ich habe ihr gestern Abend noch einen Einlauf mit Kernseife gemacht! Genützt hat es aber gar nichts!"

„Na ja, bis zum Pansen kommt die beste Kernseife nicht!"

Ich zog den Rektalhandschuh über und fuhr mit dem Arm bis zur Schulter in den Darm. Auch da herrschte tote Hose. Normalerweise haben Rinder ja Kot in Hülle und Gülle, nur hier war außer seifigen Überresten und weißlichem Schleim nichts zu ertasten.

„Darmverschluss!", lautete meine definitive Diagnose

„Ja du liebe Zeit! Was machen wir denn da?“ Der Stranzl war einem Herzschlag nah und begann fast zu stottern.

„Vielleicht haben wir eine Chance. Eine Darmverschlingung konnte ich nicht feststellen, wahrscheinlich handelt es sich um einen einfachen Krampf. Mit einem krampflösenden Medikament könnten wir das beheben. Sie müssen nur eine Plane oder ein Tuch hinter der Kuh auflegen, um zu kontrollieren, ob sie Kot abgesetzt hat. Wenn das nicht innerhalb von vierundzwanzig Stunden passiert, steht es um die Sache schlimm!“

„Eine Operation?“ Der Stranzl hatte sich mittlerweile vom Herzkasperl zum Selbstmordgedanken gehandelt.

„Kommt nicht in Frage! Zuerst müsste man ein Bauchröntgen durchführen, um zu wissen, wo die Verschlussstelle sitzt, was bei der Bauchdicke eine unerhörte Strahlendosis bedeuten würde, die zum Schutz der Beteiligten nur in einer Spezialklinik durchgeführt werden könnte. Und davon gibt es nicht viele. Die Veterinärmedizinische Universität vielleicht. Aber auch da bin ich mir nicht sicher! Jetzt probieren wir es erstmals mit der konservativen Methode.“

Ich verabreichte der Kuh das krampflösende Medikament plus zwei homöopathische Ampullen, *Opium* und *Plumbum*, welche bei Darmträgheit und Verstopfung gute Dienste leisteten, und drückte dem Stranzl zwei Beutel mit einer Mischung, die den Pansen stimuliert, in die Hand. „Das geben Sie ein und dann breiten Sie hinter der Butter noch eine Plane aus oder ein großes Tuch, damit sie kontrollieren können, ob sie wieder Kot abgesetzt hat.“

Zu den Nachvisiten am darauffolgenden Tag fuhr ich mit gemischten Gefühlen.

Die vier Kälber der Kogler-Bäuerin lagen zwar noch immer im Stall, machten aber einen bedeutend munteren Eindruck und hatten auch brav ihre Milch getrunken.

Beim Kalb vom Wagnerbauern zeigte sich der Durchfall deutlich gebessert, auch der blutige Charakter war deutlich zurückgegangen und der Appetit wiedergekehrt.

Und beim Stranzl war zwar er selbst nicht daheim, aber seine Frau berichtete mir: „Viel war es nicht, aber ein bissl was hat sie gefressen und ein bissl was ist rausgekommen."

Na, „ein bissl was" war besser als nix!

Am nächsten Morgen, einem Samstag, spielte das Telefon verrückt.

Eine Alm jagte die nächste: Hier ein geschwollener Fuß, da eine Euterentzündung, dort eine Verletzung!

Als ich alles erledigt hatte, war es kurz vor Mittag und ich ziemlich fertig. Trotzdem rief ich meine Werkstatt an, die genau wie ich auch am Samstag noch arbeitete, um einen Termin für das fällige „Pickerl" am Auto zu fixieren.

„Am Fünfundzwanzigsten!", bekam ich zu hören!

„Danke!" Ich notierte also in mein Visitenbuch den Fünfundzwanzigsten. Das war ein Mittwoch, weil wir heute den zwanzigsten hatten.

Der Zwanzigste!!!!

Mileckstamarsch, hätte ich jetzt ausgerufen, wenn ich ein Bayer gewesen wäre.

Der Zwanzigste! Heute hatte meine Frau ihren Hochzeitstag und ich logischerweise auch meinen!

Ich vergaß dieses Datum zwar nicht regelmäßig, aber doch zu oft für den Geschmack von Karin.

Zwar hatte ich das Datum sicherheitshalber als Code für die Garagenöffnung eingegeben, nur leider benützte ich ausschließlich die Fernbedienung.

Ein Blick auf die Uhr verriet, highest Railway, höchste Eisenbahn!

Ich raste in den Markt zum Juwelier, fand keinen Parkplatz, stellte das Auto im Halteverbot ab und stürmte das Geschäft. Viel

Zeit zum Gustieren blieb mir nicht mehr, der Juwelier schaute schon dauernd bedeutungsvoll auf die Uhr an der Wand.

Daher griff ich rasch entschlossen zu einem breiten Goldarmband mir Rubinbesatz, welches mein Budgetvorhaben allerdings um ein Mehrfaches überschritt. Aber was soll's. Wie oft im Leben ist man schon das fünfunddreißigste Jahr verheiratet?

Beim Auto angelangt, fand ich einen Strafzettel vor. Beim Preis für das Armband spielte das jedoch auch keine Rolle mehr.

Ein weiterer Blick auf die Uhr! Noch vier Minuten! Zwei Mal ums Eck und ich hielt vor dem Blumenladen, wo die Verkäuferin eben im Begriff war, die Tür zu schließen. Mein rechter Gummistiefel verhinderte das.

„Wir machen zu!", sagte das Mädchen. „Kommen Sie am Montag wieder!"

„Bitte Fräulein!", flehte ich. „Ich habe heute Hochzeitstag!"

„Ach so, Hochzeitstag! Sie Armer!" Sie öffnete wieder die Tür und ließ mich hinein.

„Wieso Armer?", fragte ich. „Sind Sie auch verheiratet?"

„Nein!", lachte sie, „aber ich habe dauernd mit Männern zu tun, denen das auf den letzten Abdruck einfällt!"

Der Einfachheit und Schnelligkeit halber nahm ich gleich den ganzen Busch roter Rosen, so sechzig bis hundert Stück, zahlte mit der Kreditkarte und hastete ins Auto.

„Schönen Hochzeitstag noch!", rief die Verkäuferin und winkte mir zum Abschied nach.

Ich hätte gerne zurückgewunken, hätte mich nicht der Rosengarten am Beifahrersitz daran gehindert.

Pünktlich um zwölf Uhr fünfzehn kam ich zuhause an und überreichte meiner Frau das Angebinde samt einem Kuss! Der war der billigste von allem!

Karin tat nicht einmal überrascht, sie war es tatsächlich: „Dass Du daran gedacht hast!"

„Seit der Früh ist mir nichts anderes durch den Kopf gegangen!", log ich gekonnt.

„Das Armband! Und diese Menge an Blumen. Das muss doch ein Heidengeld gekostet haben! Du bist ja verrückt!“

Das dachte ich manchmal auch! Aber nicht in diesem Fall! So eine Frau muss man erst einmal erwischen!

„Übrigens“, sagte Karin, während sie die Rosen arrangierte, „die Kogler-Bäuerin hat angerufen, dass alle Kälber aufgestanden sind, das Kalb vom Wagner hat wieder fast normalen Kot und der Stranzl hat durchtelefoniert, dass die Kuh heute Vormittag die ganze Plane vollgeschissen hat! Das war seine Ausdrucksweise!“

Ich pflanzte mich im Wohnzimmer in einen Lederfauteuil und steckte mir zuallererst ein Pfeifchen an.

Kein schlechter Erfolgstag! Vier genesene Kälber bei der Koglerin, das Kalb vom Wagner und die Kuh beim Stranzl machten mit Karin zusammen sieben.

Sieben auf einen Streich! Wie beim berühmten Schneiderlein!

Tapfer, tapfer!

Unser Landtierarzt Dr. Hans Christ

von Katharina Schwaiger
https://bauernhofgeschichtenblog.wordpress.com/

Heute ist der Blog einer Person gewidmet, die für die Bauernhöfe in unserem Tal sehr wichtig ist: Unserem Landtierarzt Dr. Hans Christ. Immer schnell und pfiffig unterwegs mit seinem weißen Arztauto steht er den Bauern bei Problemfällen, bei Impfungen und Besamungen zur Seite. Hört man das Hupen vor dem Haus, heißt es schnell – Kinder auf die Seite – und rauf in den Stall, Dr. Christ ist da.

Dr. Hans Christ, geboren 1958, ist ein waschechter Wiener aus Döbling und promovierter Tierarzt. Er lebt seit Jahren im schönen Salzburger Gasteiner Tal und geht in seinem Beruf und in der Liebe zu den Tieren und in seinen Büchern, die er schreibt, auf. Inzwischen hat er neben humorvollen Tierarztgeschichten auch Krimis veröffentlicht.

Er erzählt in seinen heiteren Geschichten außergewöhnlich lustige und skurrile Episoden aus seinem Berufsalltag. Und davon gibt es viele. Eine Kuh, die Damenunterwäsche gefressen hat, oder ein Papagei, der durch widrige Umstände zum Alkoholiker wurde.

Für alle, die Tiere lieben und Sinn für Humor haben, eine sehr kurzweilige, vergnügliche Lektüre, bei der aber auch nachdenkliche Momente ihren Platz haben. Dr. Christ, der Autor, beschreibt seinen beruflichen Alltag als Landtierarzt im Bundesland Salzburg und neben den vielen tierischen und zwischenmenschlichen Kontakten, die mit viel Sinn für ironischen Humor beschrieben werden, gibt es auch kritische Ansätze hinsichtlich reiner Schulmedizin und auch verschiedener bürokratischer Hürden im Alltag eines Tierarztes. Auch Alltagsszenen aus dem Privatleben von Dr. Christ und seine Studienzeit kommen vor und runden diese wunderbare Lektüre ab.

Nach meiner Frage, ab wann er Tierarzt werden wollte, kam ein Schmunzeln über seinen Schnurrbart und die Antwort kam prompt: „Schon mit 5 Jahren." Allerdings wollte er ursprünglich Kleintierchirurg werden, durch einen Job in der Steiermark wuchs jedoch die Liebe zu den Großtieren und das Interesse an der Alternativmedizin. Als Biobauernbeauftragter der Tierärztekammer merkte er, dass man mit der Schulmedizin bei gewissen Dingen „ansteht", und er war mit einigen Ergebnissen bei der Behandlung an Tieren unzufrieden. Durch eine Bekanntschaft mit einem Berufskollegen, Selbststudium und vielen Fortbildungen merkte er, dass gewisse Behandlungen sehr gut ergänzend mit Homöopathie funktionieren – die ersten Erfolgserlebnisse, das weiß er auf der Stelle, „waren die Apis-Globoli, die der Bauer der behandelten Kuh dann auch gleich bei sich selbst ausprobierte".

Er ist ein Spezialist für Homöopathie und Akupunktur. Da kann es schon mal vorkommen, dass einer Kuh Inhalationen oder Essigwickel verordnet werden oder man bei Eiterabszessen täglich heiße Kartoffelwickel machen muss.

Es bleibt oft nicht aus, dass Antibiotikum verordnet werden muss, aber ergänzend oder bei leichteren Beschwerden arbeitet er viel mit den Hausmitteln und Homöopathie.

Dr. Christ ist ein ausgezeichneter Diagnostiker, er nimmt sich auch kein Blatt vor den Mund, wenn es darum geht, dass sich eine Behandlung bei einem Tier nicht mehr „auszahlt" oder eine Erlösung für das Tier die bessere Variante wäre.

Ich würde unseren Tierarzt als impulsiv, unterhaltsam und sehr tierlieb bezeichnen. Da es unser Tierarzt immer sehr eilig hat, kann es auch passieren, dass ab und an eine Bauern-Katze bei ihm im Auto Platz nimmt und nach einer halben Stunde ein Telefonat von seiner Frau erfolgt – „bitte eure Katze abholen, sie ist bei meinem Mann im Auto und er hat keine Zeit, sie selbst zurückzubringen …"

Seine besondere Liebe gilt den Hunden, kommt sein Auto um die Ecke „gerast", wie es bei Dr. Christ schon des Öfteren sein kann, fetzt unsere Nelly schon zum Stall und hechelt und springt ihn vor Freude an. So kennt er sicher jeden Hofhund beim Namen und die Hunde den Tierarzt auch. Da kann der Notfall noch so groß sein, für den Hund gibt's immer einen Leckerbissen aus dem Auto und ein paar Streicheleinheiten dürfen auch nicht fehlen.

Dr. Christ sieht sich selbst als Genießer, der gute und lustige Gespräche im Wirtshaus mag, er liest und schreibt gerne in seiner Freizeit und schaut sich gerne spannende Fußballspiele an. Er hält nichts von der vielen Bürokratie, er ist ein Praktiker, der schnell und unkompliziert handeln will, und das Wohl der Tiere steht für ihn an oberster Stelle.

Ich glaube auch, dass es nicht viele Tierärzte gibt, die sich die Zeit nehmen und zu Bauernhöfen hinfahren, bei denen nicht gerade ein Notfall oder eine Besamung im Stall zu erledigen ist, sondern wo bei den Menschen Krankheit oder Leid Einkehr gefunden hat. So weiß ich es aus eigener Erfahrung und von einigen anderen Bauernhöfen auch, dass er bei menschlichem Leid und Schicksalsschlägen des Öfteren ins Bauernhaus kam und sich nach den Menschen erkundigt hat und das Leid somit ein bisschen psychisch mitgetragen hat. Das macht ihn menschlich und zeigt Stärke. Willi, unseren Knecht, mochte Dr. Christ besonders gern, und nachdem er von seiner Krankheit und seinen Behandlungen erfuhr, besuchte er ihn, brachte ihm ein Tragerl Bier vorbei und unterhielt ihn mit ein paar lustigen Episoden aus seinem Alltag. Solche kleinen Gesten vergisst man nicht, gerade in der heutigen Zeit ist die Menschlichkeit oft auf der Strecke geblieben und es zählt nur der Schilling (Insider wissen, warum ich das schreibe) – ahh, ich meine Euro.

Die Bauernschaft Gastein ist sehr glücklich, so einen Tierarzt bei uns im Tal zu haben. Und wer ein bisschen Bauernhofleben aus dem eigenen Urlaub mit nach Hause nehmen möchte, sollte mal in die Bücher schauen.

Eure Bäuerin Katharina

Bauer allein zu Hause

Eine alte kluge Weisheit besagt: Denn erstens kommt es anders und zweitens, als man denkt!

Dabei hat alles so prima ausgesehen!

Wenn nämlich jemand dieses Buch liest, schwelge ich schon in der Pension. Und im Unterschied zu den üblichen Zwei-Stern-Pensionen mit Frühstück muss meine persönliche qualitativ mindesten vier Sterne aufweisen, das habe ich mir fest vorgenommen.

Eine Bäuerin frug mich ganz entsetzt: „Sie gehen wirklich wieder nach Wien zurück? Ja werden Ihnen da die Bauern nicht abgehen?"

„Die Bauern gerade nicht, aber die Viecher!", lautete meine trockene Antwort.

Es dauerte ein paar Sekunden, bis die Gute registrierte, dass das nicht ganz ernst gemeint war.

Und für meine Nachfolge in der Praxis hätte ich lange Zeit ebenfalls vier Sterne veranschlagt.

Das kam so: Vor ca. drei Jahren war ich gerade beim Metzger im Nachbartal zu einer Fleischbeschau, als ich die Anwesenheit eines hübschen Mädchens bemerkte, die mein Tun interessiert verfolgte.

Da es in meinem Alter nicht mehr selbstverständlich war, von jungen Damen mit Aufmerksamkeit bedacht zu werden, erklärte ich ihr, worauf es bei der Schlachttieruntersuchung ankam, wo und welche Schnitte in welchen Organen vorgeschrieben waren und wann man etwas für untauglich erklären musste.

Ich hatte den Eindruck, dass meine Zuhörerin das Ganze für spannend hielt, und knallte daher mit Grandezza den Beschaustempel auf die entsprechenden Stellen am Schlachtkörper.

Dazu musste ich mich bei den an der Decke hängenden Rinderhälften gehörig strecken, was mir mein Ischias ziemlich übelnahm, aber das ließ ich mir natürlich nicht anmerken.

Auch ein alter Gockel erklimmt noch hie und da den Misthaufen, um die Hennen zu beeindrucken.

Einige Tage später klingelte mein Telefon. Es war die junge Dame!

„Hallo, Herr Doktor! Mein Name ist Jennifer! Sie werden sich noch an mich erinnern, Sie haben mir doch neulich so schön die Fleischbeschau erklärt!“

„Jaja!“, sagte ich etwas ungeduldig, weil ich gerade mit dem rechten Arm im Hintern einer Kuh steckte, die fürchterlich presste.

„Der Metzger hat mir erzählt, dass Sie ein guter Tierarzt sind und auch Sachen machen, die über die normale Schulmedizin hinausgehen. Homöopathie, Akupunktur und Ähnliches, also Alternativmedizin!“

„Ich ziehe den Begriff Komplementärmedizin vor“, berichtigte ich, „weil es sich meistens um eine Zusatztherapie handelt, wiewohl“, ich konnte den Stolz in meiner Stimme förmlich greifen, „in vielen Fällen diese Methoden schon alleine zum Erfolg geführt hatten!“

Verdammt, ich fing schon wieder zu quasseln an, während mein Arm langsam taub wurde.

„Ja, deswegen rufe ich an! Ich studiere nämlich Veterinärmedizin und wollte Sie fragen, ob ich nicht ein paar Mal mit Ihnen mitfahren kann?“

„Das lässt sich einrichten, aber jetzt muss ich leider weiterarbeiten, bevor mir das Vieh meinen Arm mit seinem Anus gänzlich amputiert!“

Wenige Tage später saß sie neben mir im Auto. Sie machte auf mich einen guten Eindruck, schien sehr intelligent zu sein und vor allem wissbegierig. Sie notierte eifrig alles, was ich ihr erzählte. So ergab es sich, dass ich sie einlud, öfters mitzufahren, wenn es ihr Studium erlaubte.

„Wie lange brauchen Sie eigentlich noch bis zum Fertigwerden?“, erkundigte ich mich.

„Drei Jahre! Ich habe bisher alle Prüfungen auf Anhieb geschafft!“

Respekt! Das hatte ich nicht geschafft, obwohl ich eigentlich ein leidlicher Student gewesen war.

„Na, wenn Sie sich anstrengen, könnten Sie dann ja gleich meine Praxis übernehmen!“, warf ich ihr halb scherzhaft hin. „Oder wollen Sie es auch mehr mit Kleintieren treiben, wie es heute in unserem Berufsstand die Mode ist?“

„Nein, nein, ich möchte schon Großtierpraxis betreiben! Und nebenbei vielleicht ein paar Mutterkühe halten!“

Oh, du glückliche Unschuld der Jugend! Ich beließ ihr jedoch die Illusion, sie würde schon von selbst draufkommen, dass sie in Stoßzeiten alle Hände voll zu tun haben würde, fremde Kühe zu versorgen.

Von da an begleitete sie mich fast drei Jahre lang in ihren studienfreien Phasen. Ich nahm mir viel Zeit, um ihr meinen gesamten Erfahrungsschatz beizubringen, ließ sie unter meiner Anleitung die ersten Tätigkeiten selbstständig ausführen und stellte erfreut fest, dass sie sich äußerst geschickt anstellte. Auch die Bauernschaft zeigte sich von ihr schwer begeistert, als ich sie jedes Mal als „meine künftige Nachfolgerin“ vorstellte. Des Öfteren wurde ich sogar gefragt:

„Wann kommt sie denn?“, worauf ich den Beleidigten spielte und brummte: „So gefällt mir das! Da reißt man sich für euch jahrzehntelang die Haxen aus und dann könnt Ihr es nicht erwarten, dass eine Neue übernimmt!“

Darauf bekam ich jedes Mal zur Antwort: „Herr Doktor, so war das nicht gemeint!“

Was ich ohnehin wusste, aber es freute mich jedenfalls, dass Jennifer so großen Anklang fand, ich würde somit meine Praxis in gute Hände übergeben.

Wenn sie zwischenzeitlich auf der Uni war, schickte ich ihr von interessanten und außergewöhnlichen Fällen zu Schulungszwecken die erhobenen Symptome und bat sie um eine Diagnose samt Therapievorschlag. Es war erstaunlich, wie schnell sie erlernte, ein klinisches Bild zusammenzusetzen und auch eine akzeptable Medikamentenauswahl zu treffen. Ich war richtiggehend stolz! Sie selbst bat mich von sich aus, nachdem ich ihr ein Buch über Euterbehandlungen geliehen hatte, um Milchprobenbefunde aus der Praxis.

Ebenso stellte ich mit Freuden fest, dass sie einen ebenso guten und vertraulichen Zugang zu den Tieren, egal ob Kuh, Kalb, Schwein Pferd, Hunde und Katzen, hatte wie ich.

Nur Berti bildete da die Ausnahme!

Berti war die semmelgelbe Promenadenmischung vom Ackerlbauern. Als ich zu meiner allerersten Visite auf dem Hof vorfuhr und Berti auf mich zukam, rief der Ackerlbauer vom Stall herüber: „Passen Sie auf, Fremde zwickt er gern!"

Hatte sich was mit Zwicken!

Berti erwies sich als ebenso bestechlich wie ein südamerikanischer Zollbeamter. Den Hundekuchen, den ich ihm vor die Nase hielt, nahm er schweifwedelnd entgegen und seitdem wurden wir die dicksten Freunde. In der Relation war Berti allerdings dicker als ich. Bei einem der weiteren Besuche, diesmal hatte ich die Kollegin im Schlepptau, verließen wir den Wagen und ich deutete auf Berti, der sich schon zum Empfang seines Obolus hinter dem Auto aufgestellt hatte, und erklärte der Kollegin mit leichter Ironie: „Hier sehen Sie einen Hund, der angeblich zwicken soll!"

„Mich hat er schon beim Aussteigen gezwickt!", gestand Jennifer kleinlaut.

Offenbar verfügte Berti über eine bessere Menschenkenntnis als ich.

Denn im Herbst schickte ich der Kollegin eine E-Mail, weil es um meine Nachfolge in der Fleischbeschau ging, ich hatte diesbezüglich schon mit unserem Veterinärdirektor verhandelt, worauf er meinte: „Dann soll sie sich einmal anschauen lassen, werden sehen, was wir tun können!"

Zu meiner Verwunderung erfolgte darauf keine Reaktion. ‚Na gut, vielleicht ist sie gerade im Urlaub', dachte ich, und wiederholte die Nachricht nach einiger Zeit. Wieder keine Antwort, also begann ich zu telefonieren! Pro Woche mindestens zwei Mal! Doch immer bekam ich zu hören: „Der gewünschte Teilnehmer ist nicht erreichbar, versuchen Sie es zu einem späteren Zeitpunkt noch einmal!"

Verflucht und zugenäht! Die Urschl musste doch sehen, dass ich angerufen hatte!

Nach ein paar Wochen riss mir die Hutschnur: Ich fuhr an ihrem Häuschen, das sie mit ihrer Mutter bewohnte, vorbei und hing ihr in einem Rektalhandschuh, nett, wie ich nun mal bin, noch im ungebrauchten Zustand, einen Zettel mit dem Ersuchen um dringende Kontaktaufnahme an die Türklinke.

Schau, schau, gleich am nächsten Tag erhielt ich folgende E-Mail: „Es tut mir so leid, ich weiß nicht, wie ich es Ihnen sagen soll, aber es haben mir so viele abgeraten, nach der Uni sofort eine Praxis selbständig zu führen!"

Das war natürlich nach drei Jahren ein Schlag ins Kontor! Dabei erstunken und erlogen. Wie ich um drei Ecken erfuhr, wollte die Dame mehr von der schon erwähnten *work-life-balance*, das heißt Shoppen, Friseur und abends Ausgehen.

Nachdem ich mich von dem ersten Schock erholt hatte und meine erste Wut darüber, dass sie nicht einmal den Anstand gehabt hatte, mir ihre Entscheidung von sich aus mitzuteilen, sondern mich stattdessen wochenlang antichambrieren hat lassen – mittlerweile bedauerte ich den Umstand herzlich, dass ich ihr meine Nachricht in einem sauberen Rektalhandschuh zukommen habe lassen –, überwunden hatte, schaltete ich sofort ein Inserat in der Tierärztezeitung. Allerdings mit geringer Erwartungshaltung, denn dort werden auf fünf Seiten Tierärzte im ganzen Land gesucht.

Deshalb fiel ich aus allen Wolken, als sich unmittelbar nach dem Erscheinen ein Interessent meldete. Gebürtiger Ostberliner, der bisher immer nur Vertretungsdienste in Deutschland, der Schweiz und Österreich geleistet hatte.

Zuletzt war er in der Steiermark stationiert, wo er sich mit seiner dortigen Chefin gehörig zerkracht hatte. „Jetzt reicht es mir mit diesen doofen Vertretungen, jetzt möchte ich etwas Eigenes haben!", röhrte er ins Telefon.

Verständlich, nur ein kleines Häkchen hatte die Sache: Der potentielle Kandidat war lediglich zwei Jahre jünger als meine Wenigkeit. ‚Aber gut', dachte ich, ‚wenn er für die nächsten fünf, sechs Jahre die Praxis schupfen würde, blieb genügend Zeit, um sich eine beständigere Nachfolge zu suchen.'

„Wissen Sie was, Herr Kollege! Dieses Wochenende habe ich sowieso Bereitschaftsdienst, am besten, Sie kommen am Sonntag zu mir, damit wir uns kennenlernen!"

Gesagt, getan!

Als der seltsame Vogel aus seinem Auto kletterte, hätte ich ihn eher in den Bayerischen Wald verortet. Lodenknickerbocker, Stutzen, Trachtenjanker, Jägerhut. Offenbar hielt er eine rustikale Kleidung für die standesgemäße Garderobe für einen Besuch beim Großtierpraktiker.

Nur wenn er den Mund aufmachte, hörte man, dass seine Wiege einst am Ufer der Spree schaukelte.

Bei Kaffee und Kuchen – so etwas lieben alle deutschen Touristen – fühlte ich ihm etwas auf den fachlichen Zahn! Ganz war ich mit seinen Methoden nicht einverstanden, aber bitte: Jeder hatte seine eigenen und ich habe ja die alleinseligmachende Weisheit auch nicht mit dem Löffel gefressen!

„So, jetzt fahren wir auf Visiten!", sagte ich, denn in der Praxis kann man jemanden viel besser beurteilen.

Schon nach achthundert Metern kam der erste Schock!

„Ich hätte gerne eine Einarbeitung!", ließ sich das „Berliner Kindl" verlauten.

Das fehlte noch! Nach der langen Einarbeitung der Kollegin sollte ich jetzt den alten Knacker mit mir herumschleppen, der dann womöglich auch nicht kommen würde.

„Entschuldigung, aber Sie haben nur zwei Jahre weniger auf dem Buckel als ich und wie soll das funktionieren? Ich kann doch nicht jedes Mal in der Früh warten, bis Sie aus der Steiermark vor der Tür stehen!"

„Na, ich möchte sowieso so schnell wie möglich hier eine Wohnmöglichkeit, ein kleines Häuschen mit Garten, aber nicht im Ortsbereich, sondern mehr draußen im Grünen!"

Vielleicht auch noch einen Swimmingpool und goldene Nockerln zu Mittag! Der Kerl ging mir langsam aber sicher auf den Keks!

„Wenn Sie ein Wunschkonzert haben wollen, müssen Sie sich einen Wurlitzer kaufen. So was wächst bei uns im Tal mit dem knappen Immobilienangebot nicht auf den Bäumen!"

Nach fünf Minuten ließ er die nächste Bombe platzen: „Wissen Sie, ich habe da einen Freund, den möchte ich herbeiziehen, denn ich selbst will nicht mehr als zwanzig Tage im Monat arbeiten!"

„Moment mal, Freund der Berge! So geht das nicht! Meine Bauern sind es gewohnt, dass man sich persönlich um ihre Tiere kümmert, solange es nötig ist!

Ich selbst habe immer in ungewissen Fällen, wenn ich am Sonntag einmal frei hatte und das Telefon auf den Notdienst umgeschaltet war, in der Früh den Bauern angerufen, um mich nach dem Befinden des Patienten zu erkundigen, und, falls erforderlich, mich ins Auto gesetzt, um die Nachbehandlung vorzunehmen.

„Was soll denn das für ein Ansinnen sein?", fuhr ich gereizt fort. „Am ersten Tag sind Sie da, am zweiten kommt der Freund, hat keine Ahnung, wie sich das klinische Bild verändert hat, besser oder schlechter, und fängt wieder bei null an! Kommt gar nicht in Frage!"

Aber den richtigen Hammer packte er aus, als ich am Rückweg noch rasch zwei Kälber enthornte. Nachdem die Tiere fest schlafen, spritzt man noch zusätzlich ein Lokalanästhetikum zwischen Augenwinkel und Hornbasis! Der Preis des Mittels ist geradezu lächerlich. Laut Uni-Lehrmeinung sind fünf Milliliter pro Seite notwendig. Ich hatte aber schon bald festgestellt, dass diese Menge oft nicht ausreichte, und verabreichte daher stets die doppelte Menge.

Der Kollege sah mir zu und frug dann: „Was? Sie geben zehn Milliliter pro Seite?"

„Na, schließlich soll das Kalb ja nichts spüren!"

„Also ich verwende immer nur zwei!"

„Aber das wirkt doch nichts!"

Er lachte: „Wenn das Kalb zappelt, weiß ich wenigstens, dass es noch lebt!"

Das genügte mir! Tierquäler brauchten wir keine. Ich schickte ihn zurück in die Steiermark.

Karin war überrascht, dass ich ihn nicht, wie von ihr erwartet, zum Abendessen mitbrachte.

Doch als ich ihr meine Erlebnisse mit dem Knilch schilderte, meinte sie: „Gut, dass Du ihn heimgeschickt hast, sonst hättest Du nur eine schlechte Nachrede!"

„Die habe ich vielleicht auch so, aber dann zumindest nicht wegen eines anderen!"

Von schlechter Nachrede konnte jedoch keine Rede sein, im Gegenteil, die Bauernschaft anerkannte meine intensiven, jedoch leider ergebnislosen Bemühungen, doch noch eine Nachfolge aufzutreiben, die auch geeignet war. Ein Duzend Kandidatinnen bzw. ihre männlichen Pendants hatte ich kontaktiert, keiner aus der jungen Generation wollte sich mehr die Mühen eines Landtierarztes antun, wie wir alten Dinosaurier es gewohnt waren.

So wird manchen Bauern in bestimmten Fällen das gleiche Schicksal wie dem bekannten Kevin im gleichnamigen Film „Kevin allein zuhause“ ereilen!

Als ich mich kürzlich auf einem Hof ein letztes Mal verabschiedete, rannen dem Altbauern plötzlich Tränen über die Wangen und selbst seine Tochter bekam nasse Augen.

„Aber Leutl'n“, rief ich, „deswegen müsst Ihr ja nicht weinen. Ich bin ja nicht tot, sondern gehe nur in Pension! Da müsst Ihr Euch ja meinetwegen sogar freuen!“

„Wir weinen ja nicht Ihretwegen, Herr Doktor“, schniefte die Tochter, „wir weinen ja wegen uns!“

Mit Tierärzten ist es offenbar wie beim Wein: je älter, desto kostbarer!

Abschied

Da der Text für einen Grabstein zu lang wäre, möchte ich hier noch etwas sehr Persönliches anmerken.

Ich gehe nun in Pension!
Für wie lang, wer weiß das schon.
Doch trotzdem war in meinem Leben
dem Tier zu helfen mein Bestreben!
Hab manchen Tag und manche Nacht
so manches Kalb zur Welt gebracht
und war bemüht in vielen Stunden,
die Patienten zu gesunden.
Wenn dies nicht immer auch gelang,
so ist es halt des Daseins Gang.
Ich möchte keinesfalls verhehlen,
dass künftig mir die Tiere fehlen,
die Hunde, die ich streichelte,
die Katze, die mir schmeichelte,
die Kuh, die liebevoll mich leckte,
solang die Spritze ich versteckte.
Hab ein paar Bücher auch geschrieben,
das Letzte, was von mir geblieben!
Doch war das Schicksal gut zu mir,
und deshalb dank ich ihm dafür,
und meiner Frau für ihre Kraft!
Allein hätt' ich es nicht geschafft!

Hans Christ

Von Hans Christ bereits erschienen

ISBN 978-3-85365-204-6

ISBN 978-3-85365-220-6

Von Hans Christ bereits erschienen

ISBN 978-3-85365-252-7

ISBN 978-3-85365-295-4

ISBN 978-3-85365-306-7

V. F. SAMMLER
www.stocker-verlag.com

Der Autor

Dr. Hans Christ, Jahrgang 1958 und gebürtiger Wiener, war von 1990 bis 2023 als Veterinärmediziner im Salzburger Land tätig. Im V. F. SAMMLER sind auch von ihm erschienen: „Mit der Kuh auf Du", „Die Pfoten hoch", „Da lachen die Hühner!" (vergriffen), „Der Apfel fällt nicht weit vom Pferd", „Reichlich belämmert" und „Schwein gehabt".